Teleskop-1×1

Erste Hilfe für Fernrohr-Besitzer

Sie haben ein Teleskop geschenkt bekommen oder selbst gekauft – und nun stehen Sie ratlos vor dem ersten Einsatz? Mit diesem kleinen Ratgeber naht praxisorientierte Hilfe.

Astronomische Teleskope mit Preisen zwischen 50 und 250 Euro werden heute hauptsächlich in China hergestellt. Die Angebote verschiedener Importmarken – von namhaften Herstellern gleichermaßen wie von Discount-Supermärkten – gleichen sich in Funktion und Ausstattung. Ich habe selbst mit einem ähnlichen Teleskop begonnen, beobachte den Markt seit Jahrzehnten und konnte in den vergangenen Jahren zahlreiche dieser Teleskope testen. Aus den praktischen Erfahrungen mit den teilweise erschreckenden Unzulänglichkeiten dieser »Billig-Teleskope« entstand die Idee für dieses Buch.

In den meisten Fällen wandern die Teleskope nach einmaliger erfolgloser Benutzung auf den Dachboden. Doch wenn man weiß wie, können diese Geräte trotz ihrer Mängel für erste Versuche am Sternhimmel eingesetzt werden. Dieses Buch gibt Ihnen eine verständliche Anleitung zur Technik und Auswahl des Instruments sowie Tipps zur ersten Benutzung (»First Light«) und den Beobachtungszielen. Wesentlich detailliertere Informationen, auch über den Billigsektor hinaus, liefert das Buch »Fernrohr-Führerschein« für den Gebrauch von Amateurteleskopen.

Parallel zu diesem Buch besteht im Internet die Seite www.teleskop1×1.de. Ziel ist es, Informationen und Erfahrungen zu möglichst vielen Aspekten der chinesischen Billigteleskope zu sammeln und Ihnen zur Verfügung zu stellen.

Viel Spaß am Sternhimmel,

Ihr

Ronald Stoyan

TECHNIK

Teleskop 3
Linsenfernrohr 4
Spiegelfernrohr 6
Azimutale Montierung 8
Parallaktische Montierung 10
Okular 12
Barlowlinse 15
Umkehrlinse 16
Zenitprisma 17
Sucherteleskop 18
Peilsucher 19
Mondfilter 20
Sonnenfilter 21

AUSWAHL

Kauftipps 22
60/700-Refraktor azimutal 24
70/900-Refraktor parallaktisch 28
76/600-Newton azimutal Gabel 32
76/300-Newton azimutal Dobson 36
114/900-Newton parallaktisch 40
Alternative: Fernglas 44
Alternative: Spektiv 45

FIRST LIGHT

Zeitpunkt und Standort 46
Aufbauen 48
Einnorden 50
Sucherjustage 52
Aufsuchen 53
Scharfstellen 54
Vergrößern 56
Nachführen 58
Fotografieren 60
Reinigen 62

ZIELE

Mond 63
Venus 66
Mars 68
Jupiter 70
Saturn 72
Sonne 74
Reiterlein 76
Plejaden 78
Orionnebel 80
Ringnebel 82
Herkuleshaufen 84
Andromedagalaxie 86

Glossar 88
Buchempfehlungen 92
Bildnachweis 92
Impressum 92

Die im Text verwendeten blau markierten Fachbegriffe sind im Glossar im Anhang des Buches erklärt.

Teleskop

Ein Fernrohr besteht aus Objektiv, Rohr (Tubus) und Okularauszug, der das Okular aufnimmt. Je nach der Art des Objektivs unterscheidet man zwischen Linsen- oder Spiegelteleskop. Linse oder Spiegel haben jeweils die Aufgabe, Licht einer weit entfernten Quelle zu sammeln und in einem Brennpunkt zu vereinen.

Das dadurch entstehende vergrößerte Bild des betrachteten Objektes wird mit dem Okular wie mit einer Lupe nachvergrößert. Mit verschiedenen Okularstärken erreicht man verschiedene Vergrößerungen. Alle astronomischen Teleskope erzeugen ein Bild, das zum Anblick mit bloßem Auge um 180° gedreht ist, oben und unten sowie rechts und links sind also vertauscht.

Teleskop-Wissen

- ☐ **Öffnung:** Durchmesser der Objektivlinse oder des Hauptspiegels, bestimmt das Lichtsammel- und Auflösungsvermögen des Teleskops
- ☐ **Brennweite:** Abstand Objektivlinse oder Hauptspiegel zum Brennpunkt, in dem das Bild entsteht

Aus den Werten für Öffnung und Vergrößerung lassen sich bestimmen:

- ☐ **Öffnungsverhältnis** = Öffnung / Brennweite, entspricht der Blende bei der Fotografie
- ☐ **Lichtsammelvermögen:** zeigt die Menge des gesammelten Lichts gegenüber dem bloßen Auge
- ☐ **Auflösungsvermögen:** bestimmt den Abstand der kleinsten aufgelösten Details am Himmel
- ☐ **Vergrößerung** = Fernrohr-Brennweite / Okular-Brennweite: Die Vergrößerung ist kein fester Wert eines Fernrohrs.

Die zwei typischen Bauarten der Einsteiger-Teleskope: Linsenfernrohr (rechts) und Spiegelfernrohr (links).

TECHNIK

Linsenfernrohr

Als Refraktor wird ein Teleskop bezeichnet, dessen Objektiv aus einer Glaslinse besteht, die das einfallende Licht zum Brennpunkt bricht. Dieser Teleskoptyp ist derjenige, der für die meisten Menschen nach »klassischem Fernrohr« aussieht: In einem langen Rohr ist vorne die Linse eingefasst, das andere Rohrende trägt den Okularauszug, in den das Okular eingesteckt wird. Diese Bauweise wird auch bei kleinen Taschenfernrohren und Ferngläsern angewandt.

Die Linsenteleskope haben den Nachteil, dass sie verschiedenfarbiges Licht nicht im selben Brennpunkt fokussieren können. Das Ergebnis sind farbige Säume um helle Objekte, die umso störender sind, je größer die Teleskopöffnung und das

Beim Linsenteleskop blickt man am hinteren Ende des Teleskoprohrs in das Okular.

Öffnungsverhältnis sind. Um diesen Fehler zu vermindern, bestehen die meisten Amateurfernrohre aus zwei Linsen verschiedener Glassorten, die ermöglichen, dass zumindest zwei Farben im selben Punkt fokussiert werden. Solche Objektive werden Achromate genannt. Bei den meisten Einsteigerfernrohren handelt es sich um sogenannte »verkittete Achromate«, bei denen die beiden Linsen miteinander verklebt sind. Seltener sind die Fraunhofer-Achromate, bei denen ein Luftspalt beide Objektivteile trennt.

Die Objektivlinse sitzt am vorderen Ende des Teleskoprohrs. Sie sammelt das Licht und bündelt es im Brennpunkt nahe dem hinteren Rohrende.

Spiegelfernrohr

Als Reflektoren werden allgemein Spiegelteleskope bezeichnet. Im Einsteigerbereich ist das Newton-Spiegelteleskop vorherrschend. Bei ihm blickt man nicht hinten am Rohr, sondern seitlich am oberen Ende in das Okular. Der sogenannte Hauptspiegel liegt am unteren Ende des Tubus, er sammelt und fokussiert das Licht. Vorne im Teleskop ist an einer Halterung, der sogenannten Spinne, der Fangspiegel angebracht; er wirft das Licht in den seitlich angebrachten Okularauszug.

Die Spiegelteleskope mit sphärischem, also kugelförmigem Spiegel haben den Nachteil, dass sie das an verschiedenen Stellen auf dem Spiegel auftreffende Licht nicht in einem Punkt fokussieren können. Das Ergebnis sind unscharfe Bilder, die umso störender sind, je größer die Teleskopöffnung und das Öffnungsverhältnis sind. Um dies zu vermeiden, sind bessere Spiegel statt in einer Kugelformoberfläche in Parabolform geschliffen.

Beim Newton-Spiegelteleskop blickt man am oberen Ende des Teleskoprohrs seitlich in das Okular.

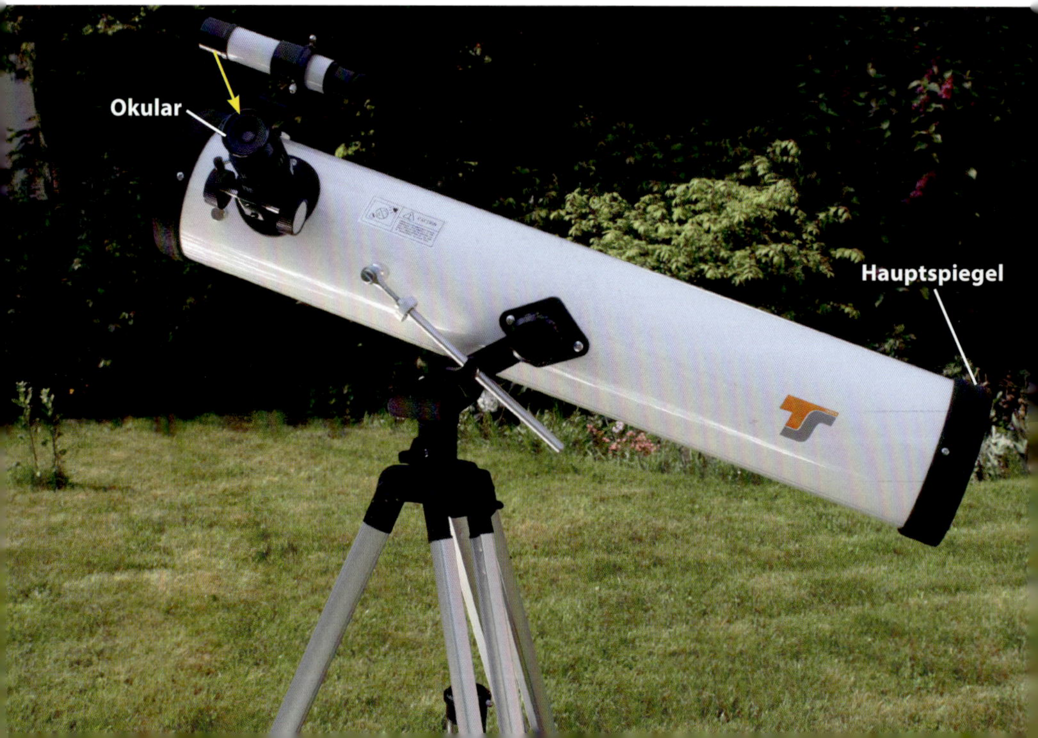

Refraktor oder Reflektor?

Was ist prinzipiell besser – Linsen- oder Spiegelteleskop? Diese Frage lässt sich pauschal nicht beantworten, denn jedes System hat seine Vor- und Nachteile.

Refraktor	Reflektor
+ geschlossenes Teleskoprohr	+ kein Farbfehler
+ kein Hindernis im Strahlengang	+ Einblickhöhe bleibt nahezu gleich
− Farbfehler	− offenes Teleskoprohr
− Einblick auf unterschiedlicher Höhe	− Fangspiegel als Hindernis im Strahlengang

Zusammenfassend kann man festhalten, dass der Fangspiegel im Spiegelteleskop etwas Licht und einiges an Bildschärfe kostet. Deshalb muss ein Spiegelteleskop etwas größer sein als ein Linsenteleskop, um die gleiche Leistung zu erreichen.

Der Hauptspiegel des Newton-Teleskops sitzt am hinteren Ende des Teleskoprohrs. Er wirft das Licht zurück auf den Fangspiegel, der es seitlich zum Okularauszug ablenkt.

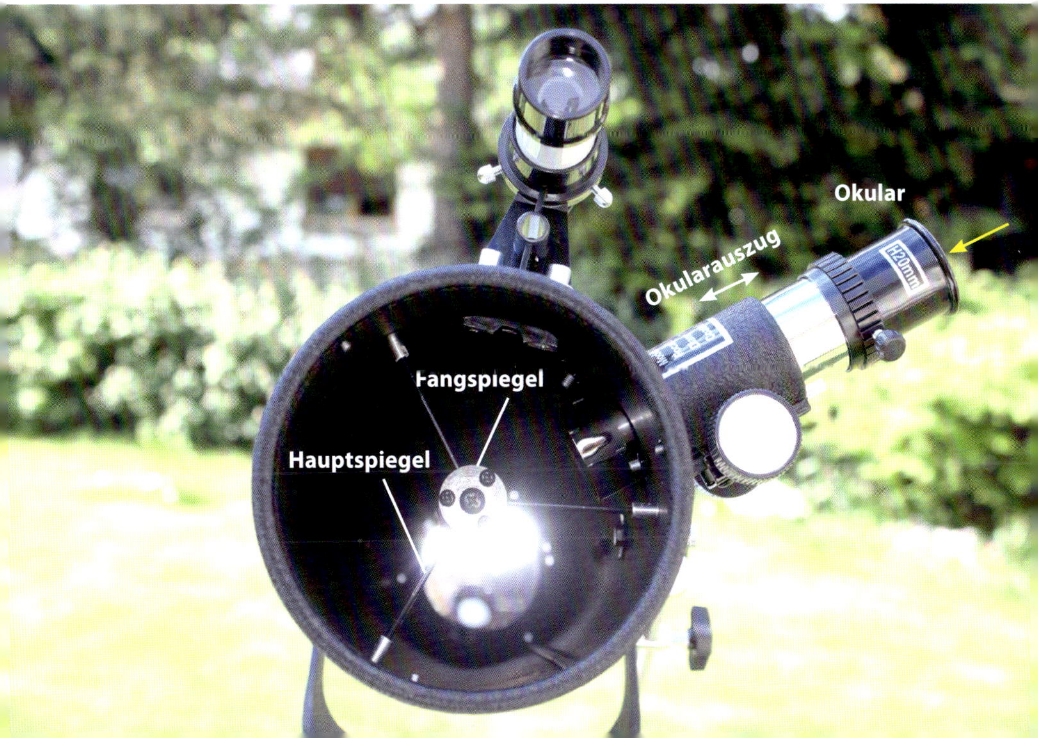

Azimutale Montierung

Dies ist die einfachere Art, ein Fernrohr aufzustellen. Die azimutale Montierung orientiert sich an der Horizontebene: Eine Achse lässt die Himmelsrichtung verstellen (Azimut), die andere die Höhe über dem Horizont (Altitude). Diese Bewegungen lassen sich intuitiv vornehmen.

Um einem astronomischen Objekt am Himmel zu folgen, was als Nachführen bezeichnet wird, müssen aber beide Achsen der Montierung bewegt werden. Schuld daran ist die Erddrehung, dadurch wandern Mond, Planeten und Sterne ständig aus dem Blickfeld. Um ihnen zu folgen, muss die Montierung jeweils etwas nach rechts und gleichzeitig nach oben bzw. unten bewegt werden. Bei höheren Teleskopvergrößerungen ist das je nach Bauart der Montierung sehr schwierig.

Die einfachste Bauart der azimutalen Montierung ist der von Fotostativen bekannte Neiger. Er besitzt einen Griff, mit dem die Montierung bewegt wird. Die beiden Achsen lassen sich mit Klemm-

Der Video-Neiger ist die einfachste Form einer azimutalen Montierung.

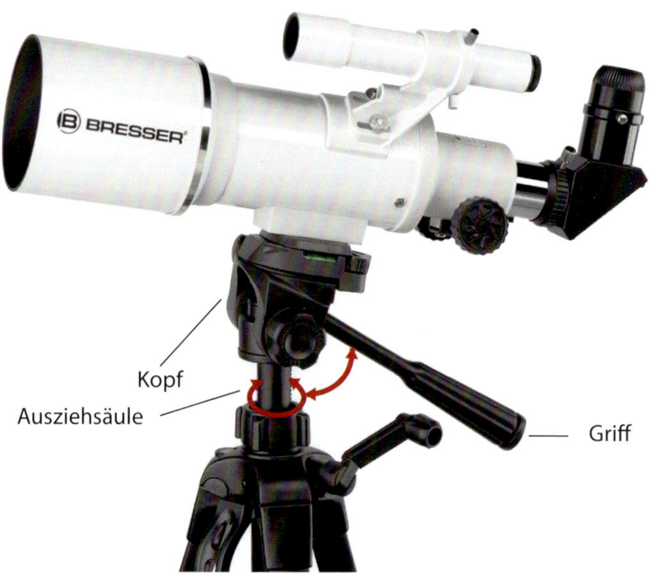

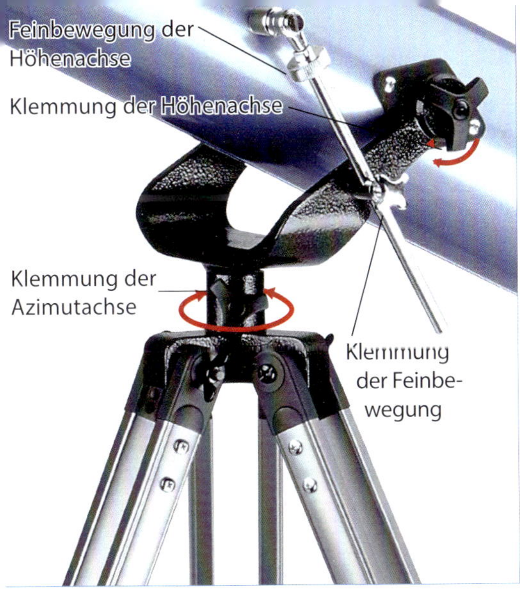

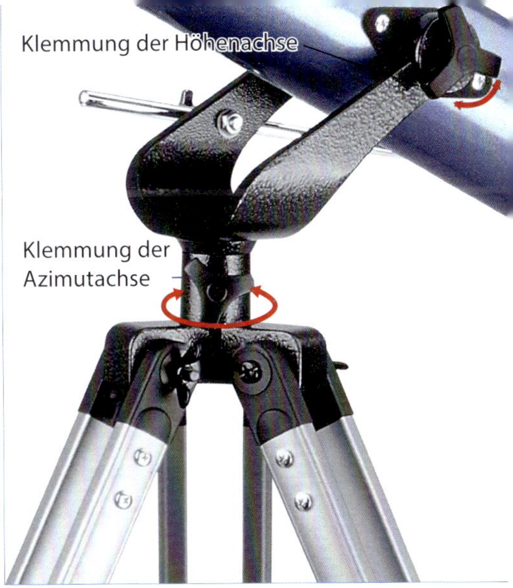

Die AZ-1 ist eine azimutale Gabelmontierung.

schrauben feststellen oder sind über Rutschkupplungen stufenlos einstellbar. Die Nachführung astronomischer Objekte ist mit einem Neiger nur bei niedrigen Vergrößerungen bis etwa 50× möglich.

Die meisten azimutalen Montierungen für kleine Teleskope sind als Gabelmontierungen realisiert. Dabei hängt das Teleskoprohr in der Azimutachse, die Höhenachse läuft quer durch den Teleskoptubus. An der Azimutachse gibt es eine Klemmschraube, ebenso an der Höhenachse. Hier ist bei den meisten Modellen eine Feinbewegung in Form eines Metallstabes mit Drehspindel integriert. Für die Nachführung astronomischer Objekte ist das jedoch nur bedingt nützlich, Vergrößerungen von mehr als 80× lassen sich nicht genau nachführen.

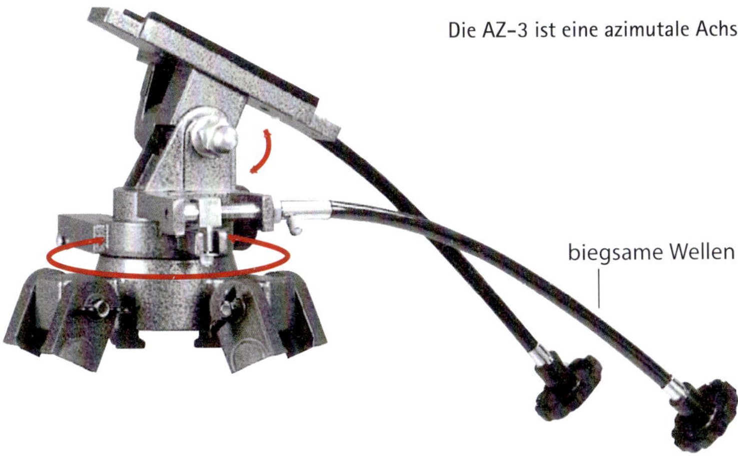

Die AZ-3 ist eine azimutale Achsenmontierung.

TECHNIK

Parallaktische Montierung

Bei der parallaktischen Montierung sind die Achsen an der Erdachse ausgerichtet. Das hat den großen Vorteil, dass man nur noch eine Achse bewegen muss, um ein astronomisches Objekt zu verfolgen. Wenn man einen Motor anschließt, lässt sich das sogar automatisieren.

Um die parallaktische Montierung parallel zur Erdachse auszurichten (Einnorden), ist sie um einen bestimmten Winkel geneigt, der der geographischen Breite des Beobachtungsortes entspricht. Bei in Deutschland benutzten Montierungen muss die Neigung also ca. 50° betragen. Am sogenannten Polbock lässt sich dieser Wert an einer Skala einstellen.

Parallaktische Montierungen für kleine Amateurfernrohre sind ausnahmslos sogenannte »Deutsche Montierungen«. Dabei sitzt das Fernrohr auf der Deklinationsachse, gegenüber dem Teleskoprohr ist ein Gegengewicht zur Balance angebracht. Diese sitzt senkrecht auf der Rektaszensionsachse.

Die Achsen der parallaktischen Montierung besitzen je zwei Knöpfe. Mit dem einen lässt sich die Achse arretieren, also in einer bestimmten Position festklemmen. Mit dem anderen kann man die Achse langsam per Hand bewegen. Damit lassen sich auch sehr hohe Vergröße-

Eine Deutsche Montierung. Die Neigung der Rektaszensionsachse (gelber Pfeil) entspricht der geographischen Breite des Beobachtungsorts.

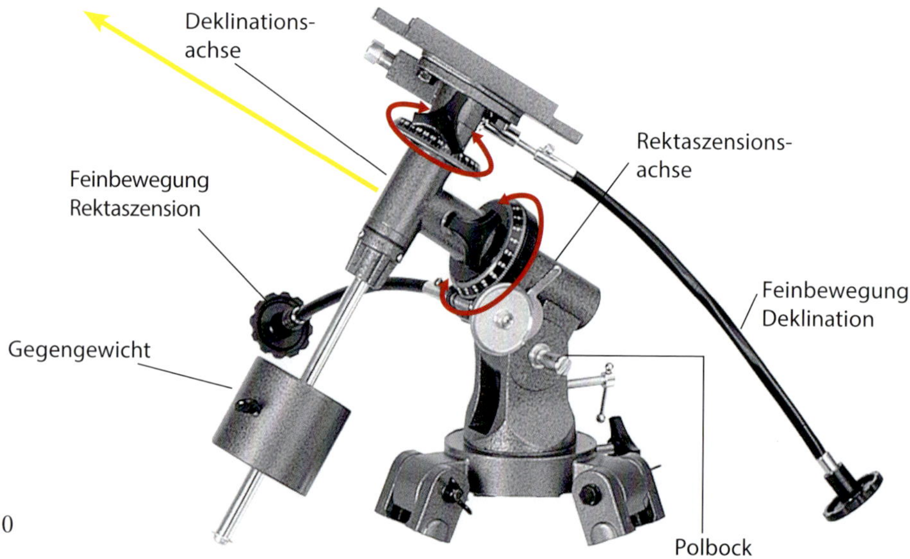

Azimutal oder parallaktisch?

Welche Montierung ist besser für Einsteigerteleskope geeignet? Beide Typen haben unterschiedliche Vor- und Nachteile:

Azimutale Montierung

- (+) intuitiv zu bedienen
- (+) muss nicht eingerichtet werden
- (−) beide Achsen müssen bewegt werden
- (−) nicht für hohe Vergrößerungen geeignet

Parallaktische Montierung

- (+) nur eine Achse muss bewegt werden
- (+) für hohe Vergrößerungen und Fotografie geeignet
- (−) muss genau eingerichtet werden
- (−) Gegengewicht erforderlich

Für die astronomische Beobachtung ist auf jeden Fall die parallaktische Montierung besser geeignet. Dazu muss man sich aber die Mühe der Einnordung vor jeder Beobachtung machen.

rungen nutzen. An vielen Montierungen sind diese Bewegungsknöpfe mit biegsamen Wellen ausgestattet. An manchen Montierungen sind Motoren angebracht, mit denen man die Bewegung einer oder beider Achsen über eine Handsteuerbox vornehmen bzw. kontrollieren kann. Ist die Montierung richtig aufgestellt, muss man sich mit der Nachführung dann gar nicht mehr befassen.

Typische im Einsteigerbereich verwendete parallaktische Montierungen: EQ-2 (linke Seite), EQ-1 (links), EQ-3 (rechts).

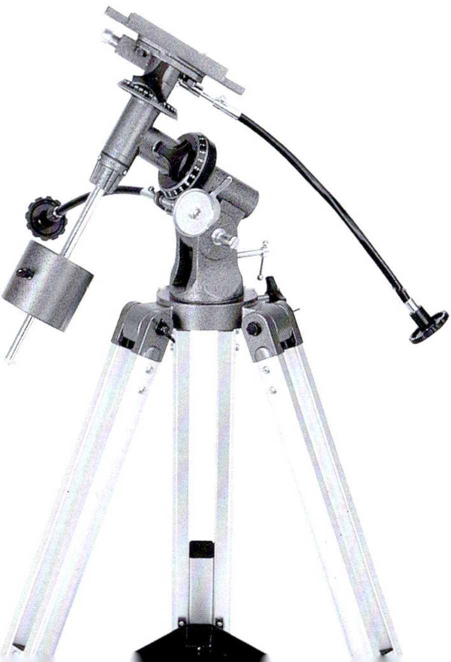

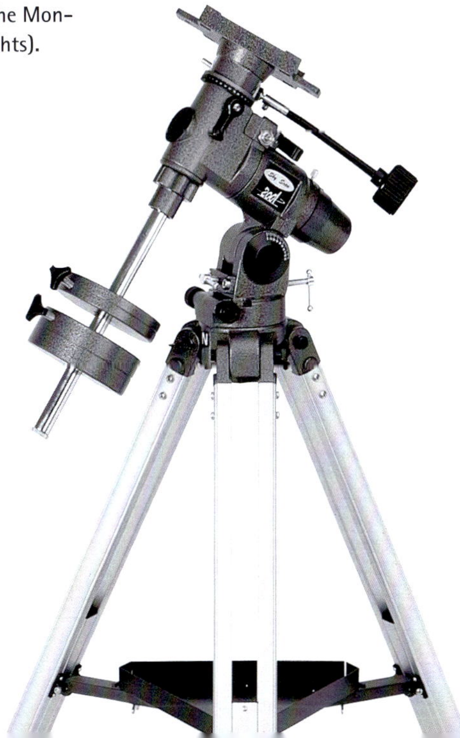

Okular

Als Okular bezeichnet man den Optikteil des Teleskops, durch den man blickt. Das Okular ist also ein wesentlicher Bestandteil des Fernrohrs, ohne den dieses nicht sinnvoll verwendet werden kann.

Okulare sind Lupen, mit denen das vom Fernrohr erzeugte Bild vergrößert betrachtet wird. Man braucht Okulare verschiedener Brennweiten, um verschiedene Vergrößerungen zu erreichen. Kennt man die Brennweite des Okulars und des Fernrohrs, lässt sich die Vergrößerung berechnen:

Vergrößerung = Fernrohr-Brennweite / Okular-Brennweite

Die erhältlichen Okularbrennweiten liegen zwischen 40mm und 4mm. Bei den meisten Einsteigerteleskopen sind bereits Okulare in der Grundausstattung, meist betrögt deren Brennweite 25mm, 12,5mm und 4mm.

Ein Okular besteht aus mindestens zwei Linsen, die in einer gemeinsamen Hülse untergebracht sind. Um es zu benutzen, wird es in den Okularauszug gesteckt und dort festgeklemmt. Die Steckdurchmesser von Okularen sind normiert, man kann also Okulare anderer Hersteller auch am eigenen Fernrohr einsetzen. Der für die meisten Teleskope verwendete Steckdurchmesser beträgt 31,7mm/31,8mm (1¼ Zoll). Nur noch sehr selten anzutreffen ist der veraltete Durchmesser 24,5mm (0,96 Zoll). Okulare des Steckdurchmessers 50,8mm (2 Zoll) können nicht an Einsteigerteleskopen verwendet werden.

Okulare verschiedener Brennweiten ermöglichen verschiedene Vergrößerungen mit dem Teleskop.

Okulare werden in verschiedenen Konstruktionen gefertigt. Es hat sich eingebürgert, verschiedene Typen mit Buchstaben abzukürzen, die auf den Okularen aufgedruckt sind:

- **H,** Huygens**:** Der einfachste Typ aus zwei Linsen. Eignet sich passabel für lange Brennweiten, ergibt Farbfehler bei kurzen Brennweiten. Sollte deshalb möglichst nicht unter 10mm verwendet werden.
- **HM, AH:** modifizierte Versionen des Huygens-Okulars. Oft sehr bescheidene Qualität, sehr kleine Gesichtsfelder, nicht empfohlen.
- **SR, F, HR, Super:** modifizierte Versionen des heute nicht mehr gebräuchlichen Ramsden-Okulars. Oft sehr bescheidene Qualität, sehr kleine Gesichtsfelder, nicht empfohlen.
- **K, MA,** Kellner**:** dreilinsiger Typ mit verbessertem Farbfehler. Mindeststandard für alle Anwendungen. Empfohlen für Brennweiten größer als 15mm, bei kleineren Brennweiten unbequemer Einblick.
- **RK**: weiterentwickeltes Kellner-Okular mit verbessertem Einblick.
- **PL,** Plössl**:** meistverkaufter Okulartyp, vierlinsige Konstruktion mit stark verringertem Farbfehler. Empfohlen auch für kurze Brennweiten, aber teilweise »nervöser« Einblick.
- **SPL**, Super-Plössl: Weiterentwicklung des Plössl-Okulars mit verbessertem Einblick.

Es gibt noch weitere Okulartypen mit fantasievollen Namen. Nicht immer ist klar, worauf die Konstruktion basiert.

TIPP

- ☐ Typen HM, AH, F, Super, HR, SR sind Kennzeichen minderwertiger Angebote.
- ☐ Ist gar kein Typ angegeben, sind die Okulare oft komplett unbrauchbar.
- ☐ Auch besonders leichte Okulare sind Kennzeichen schlechter Qualität, sie sind oft aus Plastik gefertigt.

Sinnvoller Okularsatz

Die Auswahl der Okularbrennweiten sollte möglichst so geschehen, dass alle Vergrößerungs- und Anwendungsbereiche abgedeckt werden:

1. Okular: kleinste mögliche Vergrößerung; Aufsuchen, Übersichtsokular. Dies ist die am häufigsten benutzte Vergrößerung, da sie das größte Gesichtsfeld bietet. Leider sind die dafür benötigten 40mm-Okulare fast nie in der Grundausstattung der Einsteigerteleskope enthalten – man sollte unbedingt eines nachkaufen!

2. Okular: mittlere Vergrößerung; geeignet um den Mond ganz zu überblicken, aber auch für Jupitermonde, Plejaden, Andromedanebel.

3. Okular: Detailvergrößerung für Monddetails, Saturnring, Doppelsterne. Der Mond kann nicht mehr insgesamt überblickt werden.

4. Okular: hohe Vergrößerung; nur anwendbar bei ruhiger Luft und guter Optik, erfordert Geduld und Erfahrung. Bei den meisten Billigteleskopen verhindert die wackelige Montierung die Verwendung. Ein solches Okular ist daher nur ein optionales, selten wirklich sinnvolles Zubehörteil.

Jede höhere Vergrößerung ist sinnlos und liefert keine besseren Bilder.

Empfohlene Okularsätze für gängige Einsteigerteleskope

Teleskop	1. Okular	2. Okular	3. Okular	(4. Okular)
60/700	40mm (18×)	20mm (35×)	10mm (70×)	(6mm (117×))
70/900	40mm (23×)	25mm (36×)	12,5mm (72×)	(7mm (129×))
76/300	25mm (12×)	10mm (30×)	6mm (50×)	(4mm (75×))
76/700	40mm (18×)	20mm (35×)	10mm (70×)	(7mm (100×))
114/900	40mm (23×)	20mm (45×)	8mm (113×)	(6mm (150×))

TIPP

- ☐ Okulare sind ein wesentlicher Erfolgsfaktor, deshalb nicht an der Qualität sparen!
- ☐ Sinnvollen Satz aus drei bis vier Okularen auswählen.
- ☐ Barlow- und Umkehrlinse nicht in die Überlegungen einbeziehen!
- ☐ Schlechte Okulare ersetzen durch Kellner- oder Plössl-Typen. Kostenpunkt ab 25 Euro pro Okular.
- ☐ Ein 40mm-Okular für maximale Übersicht dazukaufen. Kostenpunkt ca. 40 Euro.

Barlowlinse

Die Barlowlinse (sprich »Barloh«) ist eine Zerstreuungslinse, die die Brennweite des Fernrohrs verlängert. Sie hat einen Verlängerungsfaktor, der die Brennweitenverlängerung angibt. Dieser beträgt meist 2×, aber auch 1,5× oder 3×. Kombiniert man eine 2×-Barlowlinse mit einem 900mm-Fernrohr, beträgt die dadurch entstehende Brennweite 1800mm. Wird nun ein 20mm-Okular in die Barlowlinse gesteckt, steigt die Vergrößerung von 45× auf 90×. Man kann also prinzipiell seine Okularsammlung mit zwei verschiedenen Vergrößerungssätzen benutzen.

Da die Barlowlinse eine Linse ist, besitzt sie Farbfehler. Die meisten Barlowlinsen der Billigteleskope sind einlinsige Konstruktionen ohne Farbkorrektur. Oft haben sie zudem sehr kleine Linsendurchmesser und sehr lange unhandliche Gehäuse. Das Vorhandensein einer solchen Barlowlinse im Zubehör ist ein Kennzeichen für ein minderwertiges und unseriöses Angebot, mit dem ahnungslosen Käufern das Erreichen unrealistischer Vergrößerungen suggeriert werden soll.

Die Barlowlinsen im Billigbereich sind durchweg Schund. Das Teleskopbild ist auch bei niedrigen Vergrößerungen immer schlechter als mit einem einzelnen Okular. Die versprochene Verdoppelung der Vergrößerung lässt sich nur mit unerträglichen Bildfehlern umsetzen. Ihr Einsatz ist deshalb rundweg als nutzlos zu bezeichnen!

TIPP

- ☐ An der Mitgabe von Barlowlinsen erkennt man unseriöse Angebote.
- ☐ Barlowlinse nicht verwenden!

Die Barlowlinse wird vor dem Okular in den Okularauszug gesteckt. Da die Qualität der angebotenen Linsen ausnahmslos sehr schlecht ist, wird von einer Benutzung jedoch abgeraten.

Umkehrlinse

Die Umkehrlinse sieht äußerlich ähnlich aus wie die Barlowlinse. Es handelt sich aber um eine Sammellinse, die das Fernrohrbild umkehrt, so dass es wieder wie mit dem bloßen Auge erscheint.

Die als Fernrohrzubehör angebotenen Umkehrlinsen sind ausnahmslos Schund. Sie führen zu starken Farbfehlern und unscharfen Bildern. An Refraktoren führt die oft sehr lange Bauweise zu Problemen. Die Benutzung mit einem Zenitprisma ist nicht sinnvoll, da sich dann ein seitenverkehrtes Bild ergeben würde!

Viele Umkehrlinsen besitzen zudem Verlängerungsfaktoren ähnlich einer Barlowlinse, üblicherweise von 1,5×. Die höheren Vergrößerungen verschlimmern die Abbildung noch. Umkehrlinsen sind völlig sinnlose Zubehörteile und ein erstklassiges Kennzeichen unseriöser Angebote.

TIPP

- ☐ An der Mitgabe von Umkehrlinsen erkennt man unseriöse Angebote.
- ☐ Umkehrlinse nicht verwenden!
- ☐ Dieselbe Wirkung wie eine Umkehrlinse hat das Amiciprisma. Am Linsenteleskop kann man damit zwei Fliegen mit einer Klappe schlagen: Bequemlichkeit und Bildumkehr sind in einem Zubehörteil vereint. Kostenpunkt ca. 50 Euro.

Die Umkehrlinse wird vor dem Okular in das Teleskop eingesteckt. Da die Qualität der angebotenen Linsen ausnahmslos sehr schlecht ist, wird von einer Benutzung jedoch abgeraten.

Zenitprisma

Bei Linsenteleskopen wird der Einblick bei steil stehendem Fernrohr unbequem. Deshalb verwendet man vor dem Okular ein Zenitprisma. Dabei handelt es sich um ein Glasprisma mit rechtem Winkel, das das Licht um 90° ablenkt. Der Einblick wird damit um ein vielfaches bequemer – ein Zenitprisma ist deshalb Grundbestandteil der Ausrüstung jedes Refraktorbesitzers.

Leider hat das Zenitprisma einen entscheidenden Nachteil: Es richtet das Bild zwar auf, d.h. oben erscheint im Bildfeld auch oben. Jedoch sind die Seiten vertauscht, d.h. links ist rechts und umgekehrt. Diese Spiegelung ist bei der astronomischen Beobachtung sehr störend: Mond- oder Sternkarten muss man geistig spiegeln, um sie mit dem Bild im Okular vergleichen zu können.

Abhilfe schafft das Amiciprisma. Es gleicht rein äußerlich dem Zenitprisma, kehrt das Bild jedoch komplett um, d.h. der Anblick im Fernrohr entspricht dem Anblick mit bloßem Auge. Trotz dieses enormen Vorteils werden immer noch alle Einsteigerteleskope mit dem unpraktischen Zenitprisma ausgeliefert – weil dies etwas preisgünstiger herzustellen ist!

TIPP

- ☐ Für Refraktoren ist ein Zenitprisma unverzichtbar. Es liefert jedoch ein seitenverkehrtes Bild!
- ☐ Viel sinnvoller ist der Ersatz durch ein 90°-Amiciprisma. Kostenpunkt ca. 50 Euro.

Das Zenitprisma wird bei Linsenteleskopen in den Okularauszug gesteckt und festgeklemmt. Erst dann wird das Okular eingesteckt.

Sucherteleskop

Mit dem Teleskop allein ist es schwer Himmelsobjekte aufzusuchen. Schuld daran ist das kleine Gesichtsfeld selbst bei niedriger Vergrößerung; mehr als drei Vollmonddurchmesser sind kaum möglich. Bei einem Refraktor mit langem Tubus ist es noch relativ einfach, zur groben Ausrichtung über das Rohr hinweg zu peilen.

Zur Grundausstattung der meisten Einsteigerteleskope gehört deshalb ein kleines zusätzliches Fernrohr, das in der Nähe des Okularauszugs auf das Teleskoprohr aufgesetzt ist. Es handelt sich um einen kleinen Refraktor mit einem Okular niedriger Vergrößerung, einem Fadenkreuz und großem Gesichtsfeld. Der Standard bei Einsteigerteleskopen ist der 5×24-Sucher, d.h. mit 24mm Objektivdurchmesser und 5-facher Vergrößerung. Die Befestigung des Suchers am Teleskop besteht aus einer oder zwei Halterungen, mit denen man den Sucher parallel zum Hauptrohr einstellen kann.

24mm Öffnung sind sehr wenig und kaum ausreichend, um neben dem Mond und den hellen Planeten andere Objekte zu finden. Zudem sind diese 5×24-Sucher (und nur diese!) oft noch zusätzlich abgeblendet: Hinter dem Objektiv sitzt eine Blende, die die Öffnung auf 15mm oder

TIPP

- ☐ An 5×24-Suchern erkennt man Billigangebote niedriger Qualität. Minimalstandard seriöser Geräte sind 6×30-Sucher.
- ☐ Bei 5×24-Suchern Blende hinter dem Objektiv entfernen. Dazu muss das Objektiv aufgeschraubt werden. Vorsicht: Die Linse sitzt locker in der Fassung! Die Blende kann meistens einfach entnommen werden.
- ☐ 5×24-Sucher durch größeres Modell 6×30 ersetzen. Aufpassen, ob auch die Sucherhalterung mit gewechselt werden muss und sich am Teleskop befestigen lässt! Kostenpunkt ca. 35 Euro, gebraucht (Ebay) ab 20 Euro.
- ☐ Geradesicht-Sucher durch Modell mit rechtwinkliger Ablenkung ersetzen. Man kann dann seitlich hineinschauen, was viel bequemer ist, und hat dieselbe Bildorientierung wie mit bloßem Auge, was ungemein hilft! Kostenpunkt ca. 50 Euro.

Das Sucherteleskop hilft beim Aufsuchen der Objekte. Die meisten Einsteigerfernrohre verfügen über unzureichende 5×24-Sucher.

nur 10mm begrenzt! Der Sucher ist damit nutzlos!

Die bei Billigteleskopen verwendeten Sucher sind Geradesicht-Modelle, d.h. man muss von hinten/unten hineinblicken. Gerade bei hochstehendem Objekt ist das sehr anstrengend. Die Geradesicht-Sucher zeigen ein auf dem Kopf stehendes und seitenverkehrtes Bild: Verwendet man einen Reflektor, ist das Bild genauso wie im Teleskop orientiert – verwendet man aber einen Refraktor mit Zenitprisma, stimmt es nicht mehr mit dem Anblick im Okular überein!

Peilsucher

Bei immer mehr Einsteigerteleskopen sind statt den unbrauchbaren 5×24-Suchertelskopen Peilsucher angebracht. Dabei handelt es sich um Geräte, die eine Markierung auf eine Glasscheibe projizieren. Blickt man durch diese Glasscheibe, sieht man einen roten Punkt oder eine Kreismarkierung zwischen den Sternen auf den Punkt gerichtet, auf den das Teleskop zeigt.

Helle Objekte, die man mit bloßem Auge schon gut sieht, lassen sich so sehr schnell einstellen. Die Helligkeit der Markierungen lässt sich meist stufenlos einstellen. Nachteilig ist der Strombedarf – die verwendeten LED-Lampen sind im Verbrauch niedrig, doch wird der Peilsucher ohne Batterie nutzlos.

Peilsucher sind effektive Hilfsmittel, um helle Himmelsobjekte im Teleskop einzustellen (oben). Die Helligkeit des Suchmusters eines Peilsuchers kann meistens reguliert werden (unten).

Mondfilter

Oft im Zubehör von Einsteigerteleskopen enthalten sind kleine Filter in einer Fassung, sogenannte Mondfilter. Sie können in die Steckhülse der Okulare eingeschraubt werden. Wechselt man das Okular, um mit einer anderen Vergrößerung zu beobachten, muss auch der Filter zunächst ein- und dann wieder herausgeschraubt werden.

Die Mondfilter sollen eine Blendung des Beobachters bei der Beobachtung des Mondes verhindern. Sie bestehen im besten Fall aus einem Graufilter (Neutralfilter), der das Licht gleichmäßig abdunkelt. Meistens handelt es sich jedoch um farbige Gläser: Dann erscheint der gesamte Mond grün oder orange im Okular!

Oft ist auch die optische Qualität der Filter schlecht, das Bild wird somit unschärfer. Da bei den kleinen Einsteigerteleskopen eine Blendwirkung nur bei Vollmond auftritt, wird generell von der Benutzung der Mondfilter abgeraten. Lediglich bei der Venusbeobachtung kann es sinnvoll sein, das Licht abzudämpfen.

TIPP

- ☐ Mondfilter nur verwenden, wenn es wegen starker Blendung wirklich notwendig ist.
- ☐ Graufilter in jedem Fall farbigen Filtern vorziehen!
- ☐ Auf den passenden Steckdurchmesser des Okulars achten!

Der Mondfilter muss zunächst in die Okularsteckhülse eingeschraubt werden, bevor er verwendet werden kann. Farbige Mondfilter zeigen die Himmelsobjekte in unnatürlichen Farben.

Sonnenfilter

TECHNIK

Leider werden sie immer noch von skrupellosen Geschäftemachern aus China angeboten: Nicht nur Mondfilter, sondern ganz ähnlich aussehende Sonnenfilter (»Sonnenglas«, »Sun glass«) sind bei manchen Billigteleskopen im Zubehör enthalten. Sie werden auch einzeln oder im Set mit Farbfiltern verkauft. Auch wenn in der Gebrauchsanleitung etwas anderes steht: Alle Sonnenfilter, die wie der Mondfilter ins Okular geschraubt werden, sind »brandgefährlich«! Das Fernrohr bündelt das Licht der Sonne im Brennpunkt, nahe der Stelle, an der Okularfilter sitzen. Durch die enorme Hitzeeinwirkung können die Okularsonnenfilter in wenigen Sekunden schmelzen, springen oder platzen! Bevor Sie reagieren können, sind Ihre Augen irreparabel geschädigt. Auch die Benutzung einer Blende im Objektivdeckel ist keine Verbesserung, ebensowenig der Einsatz nur zu Sonnenauf- oder untergang.

Am sichersten ist es, das Sonnenlicht vor dem Fernrohr zu filtern. Dabei wird ein Glas- oder Folienfilter in einer für das Fernrohr passenden Fassung auf das Objektiv aufgesetzt. Mit für die Sonnenbeobachtung zertifizierter Filterfolie, z.B. Baader Astro-Solar, kann man sich preisgünstig einen eigenen Filter basteln. Auf keinen Fall verwendet werden sollten Rettungsfolien, berußte Gläser, Schweißerbrillen oder andere Filter, bei denen die gefahrlose Eignung für die Sonnenbeobachtung nicht eindeutig klar ist. Riskieren Sie nicht Ihr Augenlicht für derartige Experimente! Entsorgen Sie solche Filter, damit Sie nicht in Versuchung kommen, sie trotzdem zu benutzen.

WARNUNG!

- ☐ Okular-Sonnenfilter sofort wegwerfen!
- ☐ Spezielle Filterfolie kaufen und Halterung für die Teleskopöffnung selbst basteln. Es macht nichts wenn die Folie etwas knittert. Kostenpunkt ca. 15 Euro.
- ☐ Es gibt auch fertige Halterungen für alle Teleskopgrößen. Kosten ab 20 Euro.
- ☐ Niemals unsicheren oder zweifelhaften Filter verwenden!

Solche Okular-Sonnenfilter sind im wahrsten Sinn des Wortes brandgefährlich und sollten auf keinen Fall verwendet werden!

Kauftipps

Teleskope sind heute vielerorts erhältlich: bei Optikern, Supermärkten, Versandhäusern und natürlich im Internet. Der empfohlene Weg führt jedoch in den spezialisierten **Teleskop-Fachhandel**, denn Sie erhalten als Käufer in den meisten Fällen:

- Beratung zur Wahl, auch von passendem Zubehör
- persönlichen Service mit einem namentlich bekannten Mitarbeiter
- Die Rücknahme bei Nichtgefallen oder Mängeln funktioniert meist problemlos.
- Sie erhalten Service für Reparaturen.
- Sie erhalten Hilfestellung nach dem Kauf.
- Sie sichern sich volle Garantieleistungen des Herstellers und des Händlers.

Reine **Internetanbieter** und Handelsketten bieten oftmals besonders günstige Preise. Zu bedenken sind bei einem Kauf:

- Vorwissen ist zur unbesehenen Einschätzung der Qualität nötig.
- Sie haben keinen persönlichen Ansprechpartner.
- Sie haben keine Testmöglichkeit im voraus.
- Meistens gilt ein 14-tägiges eingeschränktes Rückgaberecht bei Nichtgefallen.
- Sie erhalten vielfach keine Hilfestellung nach dem Kauf.

Die preiswertesten Angebote bieten oft **Internet-Auktionen**, wobei Teleskope sowohl mit Festpreis (»Sofort kaufen«) als auch in einer Versteigerung angeboten werden. Wer hier kauft, sollte aufpassen, denn:

- Sehr günstige und übervorteilende Angebote sind oft schwer zu unterscheiden.
- Sie müssen die Wartezeit bis Auktionsende einkalkulieren und sicherstellen, dass Sie der Höchstbietende sind.
- Bei »privaten« Anbietern besteht kein Rückgaberecht.

Typisch für unseriöse Angebote: umfangreiches Zubehör von extrem schlechter Qualität oder am Gerät nicht sinnvoll einzusetzen.

Unseriöse Angebote erkennen

Billigangebote mit hohem Frustpotential lassen sich relativ einfach erkennen, insbesondere durch die Art der Bewerbung und dem beigegebenen Zubehör.

1. Bewerbung mit unrealistischen Vergrößerungswerten

Teleskope werden oft mit »astronomischen« Vergrößerungswerten angepriesen, die sich zwar faktisch durch die Kombination kurzbrennweitiger Okulare und Barlowlinsen erreichen lassen, in der Praxis aber vollkommen unsinnig sind. Bei Einsteigerteleskopen liegen die sinnvollen maximalen Vergrößerungen aufgrund der wackeligen Montierungen etwa beim Optikdurchmesser des Teleskops, also 60× für ein 60mm-Teleskop. Ohne die Probleme der Montierung ließe sich dieser Wert auf das doppelte steigern, d.h. ein 60mm-Teleskop kommt also auf 120×. Jede angepriesene höhere Vergrößerung ist sinnlos und offenbart die Unseriosität des Anbieters. In der Praxis ist übrigens die geringste erreichbare Vergrößerung wesentlich wichtiger!

2. Zubehörteile ohne Nutzen

Um dem Anfänger das Gefühl einer besonders reichhaltigen Ausstattung zu geben, werden Einsteigerfernrohre mit einer reichhaltigen Zubehörausstattung angeboten. Bei Qualitätsfernrohren ist das Zubehör bis auf wenige Okulare niemals im Lieferumfang enthalten. Das lässt der Preis dieser Komponenten gar nicht zu. Bestimmtes Zubehör wird extra nur für Billigteleskope hergestellt und ist von besonders schlechter Qualität, weil extrem billig produziert werden muss – oft so schlecht, dass man diese Teile direkt wegwerfen kann. Dazu gehören:

- ☐ Barlowlinse, Umkehrlinse
- ☐ Okulare mit Brennweiten <6mm und Okulare der Typen HM, AH, HR, SR, F, Super
- ☐ Sucher mit 24mm Öffnung

3. Fehlende wichtige Teile

Für eine sinnvolle Grundausstattung fehlen dagegen oft wesentliche Zubehörteile:

- ☐ Okular mit langer Brennweite für Übersichtsvergrößerung (40mm–30mm)
- ☐ Peilsucher oder optischer Sucher mit mindestens 30mm Durchmesser
- ☐ Amiciprisma beim Linsenteleskop

TIPP

Gebrauchtkauf

- ☐ Niemals unbesehen kaufen, Teleskop vorher prüfen.
- ☐ Preis erst nach Prüfung verhandeln.
- ☐ Unsachgemäße Behandlung durch unerfahrene Vorbesitzer bedenken.
- ☐ Produkte der japanischen Marke Vixen aus den 1990er und 2000er Jahren besitzen oft eine viel höhere Qualität als heutige Billigware aus China.

60/700-Refraktor auf azimutaler Gabelmontierung

Preis: 50 bis 130 Euro

Das 60mm-Linsenteleskop mit azimutaler Gabelmontierung ist der Klassiker der Einsteigerteleskope. Es wird in dieser Form ohne wesentliche Veränderungen seit 50 Jahren in Fernost hergestellt, heute ausschließlich in China.

Optik:

- Die Qualität der Teleskoplinsen ist sehr unterschiedlich: Von ordentlich bis unbrauchbar reicht die Spanne, die sich nicht an Marken festmachen lässt. Durchweg handelt es sich um verklebte zweilinsige Objektive, die meist in billigen Plastikfassungen untergebracht sind.
- Der Farbfehler ist deutlich und insbesondere bei sehr hellen Objekten (Mond, Venus, helle Sterne) störend.

Montierung:

- Die azimutale Montierung erschwert die Nachführung bei Vergrößerungen von mehr als 50×, da nur in der Höhenachse eine Feinbewegung vorhanden ist. Das Teleskop muss daher ständig von Hand angefasst und nachgestellt werden, was nicht nur sehr viel Gefühl erfordert, sondern auch zu ständigem Zittern des Bildes führt. Für höhere Vergrößerungen ist die Montierung daher kaum zu gebrauchen.

Zubehör:

- Ein Zenitprisma gehört zum Standard-Lieferumfang, es erschwert die Orientierung aufgrund des gespiegelten Bildes jedoch sehr. Viel sinnvoller ist ein Amiciprisma, weil es das Bild nicht spiegelt und gleichzeitig die Umkehrlinse überflüssig macht.
- Die kürzeste sinnvolle Okularbrennweite ist 6mm. Kürzere Brennweiten sind genauso unsinnig wie die immer mitgelieferte Barlowlinse. In allen Zubehörpaketen fehlt jedoch ein Okular mit langer Brennweite wie 40mm.

Leistung:

- *Mond und Planeten:* Mondkrater, Venusphasen, Jupitermonde und Saturnring sind zu sehen. Feinere Details wie Flecken auf Mars und Jupiter bleiben verborgen.
- *Deep-Sky:* Nur die allerhellsten Objekte sind zu erkennen. Kugelsternhaufen erscheinen durchweg nicht aufgelöst, viele größere Sternhaufen benötigen ein Okular mit längerer Brennweite.
- *Fotografie:* Nicht möglich.

Das 60/700mm-Linsenteleskop auf azimutaler Gabelmontierung ist der preiswerteste Einstieg in die Welt der astronomischen Teleskope.

Leistungsdaten

- ☐ Öffnung = 60mm
- ☐ Brennweite = 700mm
- ☐ Minimalvergrößerung = 9×
- ☐ sinnvolle größte Okularbrennweite = 40mm (18×)
- ☐ Maximalvergrößerung = 120×
- ☐ sinnvolle kleinste Okularbrennweite = 6mm (117×)
- ☐ Lichtsammelvermögen = 73× bloßes Auge
- ☐ Auflösungsvermögen = 26× bloßes Auge

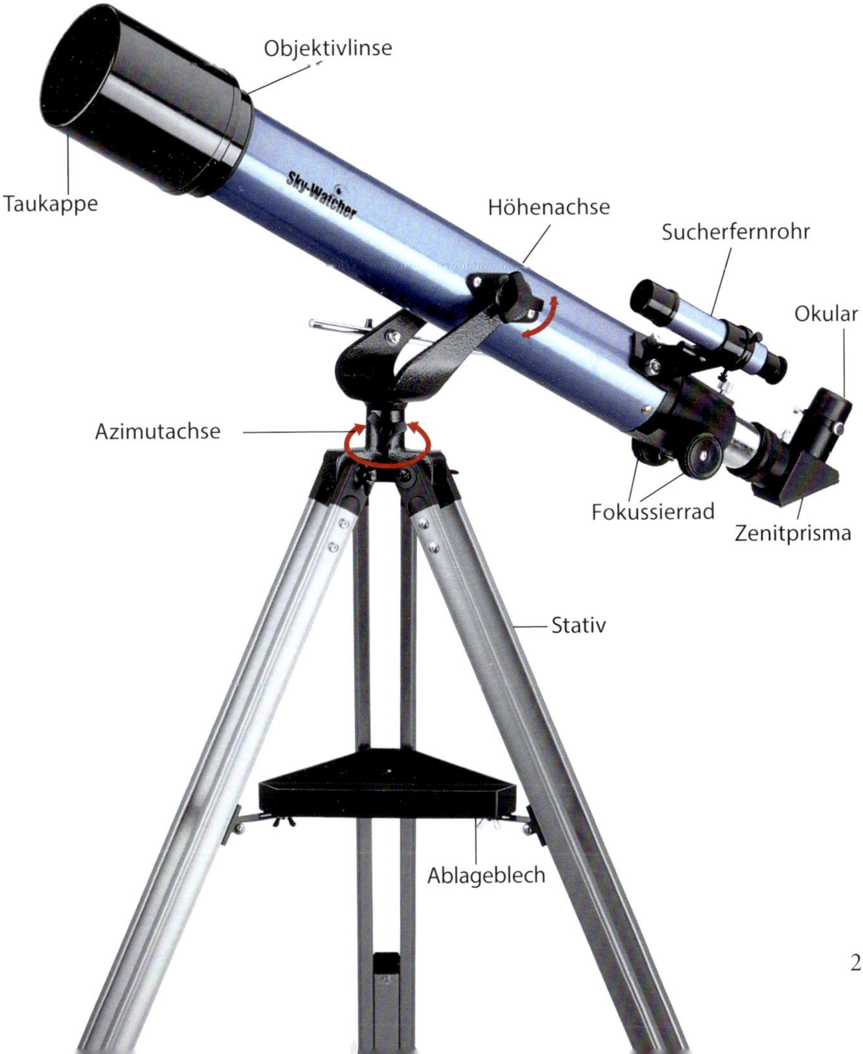

Varianten des 60/700-Refraktors auf azimutaler Montierung

☐ **45/600**
Mit 45mm haben diese Modelle deutlich weniger Öffnung und somit Lichtsammelvermögen als mit 60mm. Das Bild ist dunkel, lediglich Mond, Venus und Jupiter und die hellsten Doppelsterne lassen sich sinnvoll beobachten.

☐ **50/600**
50mm bringen ein Lichtsammelvermögen von nur 51×, das Auflösungsvermögen beträgt 21× des bloßen Auges. Es ergibt sich ein etwas dunkleres Bild als mit 60mm Öffnung, das Teleskop ist aber auch leichter. Die sinnvolle kleinste Okularbrennweite ist 6mm (100×).

☐ **50/360**
Mit der kürzeren Brennweite hat das Teleskop etwas weniger Hebel. Die 50mm-Teleskope werden oftmals auf ganz einfachen Neigern angeboten, die extrem hakelig zu handhaben sind. Schon bei kleinsten Vergrößerungen gerät jede Bewegung, z.B. zur Kompensation der Erdrotation, zur Qual.

☐ **60/900**
Die längere Brennweite ergibt ein längeres Teleskoprohr, mit dem die kleine azimutale Montierung noch mehr überfordert ist. Der Farbfehler ist jedoch reduziert gegenüber der 700mm-Version. Etwas weniger Übersicht herrscht bei kleinster Vergrößerung (40mm-Okular: 23×). Die Vergrößerungsfähigkeit ist jedoch nicht gesteigert gegenüber der 700mm-Variante.

☐ **70/350**
Mit verkürzter Brennweite wird das Teleskop insgesamt viel leichter und kompakter. Gleichzeitig nimmt jedoch der Farbfehler stark zu. Vergrößerungen über 70× sind kaum zu nutzen, die Leistung bei Mond und Planeten ist stark eingeschränkt. Auch für diese Bauart werden oft völlig unzureichende Neiger als Montierung eingesetzt.

☐ **70/700**
Die größere Öffnung bringt ein 100-faches Lichtsammelvermögen und 30-fache Auflösung gegenüber dem bloßen Auge. Die Montierung ist jedoch auch hier bereits überfordert. In der Praxis ist kaum ein Leistungsunterschied an Mond und Planeten feststellbar.

☐ **70/900**
Die längere Brennweite ergibt ein längeres Teleskoprohr, das durch Gewicht und Hebelwirkung weit über der Belastungsgrenze für die Gabelmontierung liegt. Die größere Öffnung ergibt zwar eine bessere Leistung, die jedoch aufgrund der Montierungsproblematik nicht ausgespielt werden kann.

70/500

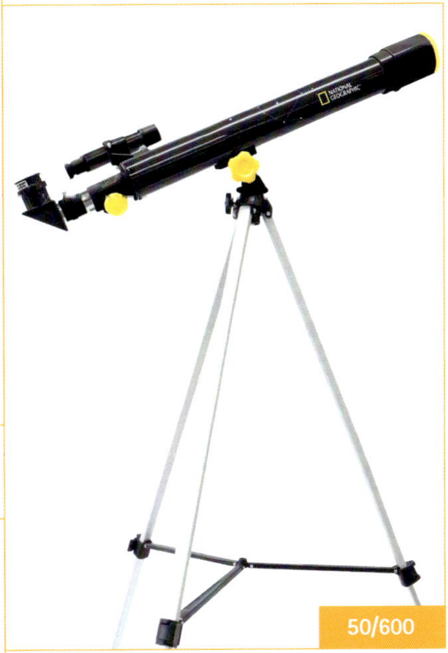

50/600

70/700

70/900

70/900-Refraktor auf parallaktischer Montierung

Preis: 120 bis 200 Euro

Vor 15 Jahren war noch das 60/900-Teleskop der klassische Einsteiger-Refraktor. Inzwischen hat sich auch durch die Einführung der azimutalen 60/700-Modelle 70mm als Öffnung etabliert.

Optik:

- Die Qualität der Teleskoplinsen ist meist ordentlich. Es konkurrieren verklebte zweilinsige Objektive, die meist in billigen Plastikfassungen untergebracht sind, und Fraunhofer-Objektive mit Luftspalt – letztere haben den deutlich niedrigeren Farbfehler.
- Die Farbfehler halten sich aufgrund der langen Brennweite in Grenzen und sind auch bei höheren Vergrößerungen nicht störend. Einen negativen Effekt haben die blauen Höfe um die Sterne jedoch, wenn es um die Fotografie geht.

Montierung:

- Das sehr lange Teleskoprohr von fast einem Meter führt zu einer Hebelwirkung, der die meist viel zu schwachen Montierungen nicht gewachsen sind.
- Die parallaktische Montierung erfordert ein wenigstens grobes Einnorden. Ohne diese Ausrichtung ist das Einstellen von Objekten nicht möglich.
- Die Feinbewegungen, meist als biegsame Wellen realisiert, ermöglichen ein wackelfreies Nachführen auch bei höheren Vergrößerungen.
- Bei den meisten Montierungen kann ein Motor für die Rektaszensionsachse nachgerüstet werden, der die Nachführung automatisiert.

Zubehör:

- Die lange Brennweite führt dazu, dass bereits mittlere Okularbrennweiten hohe Vergrößerungen ergeben. Kürzere Brennweiten als 7mm sind unsinnig, ebenso Barlowlinsen. Gleichzeitig können kleine Vergrößerungen mit den mitgelieferten Okularen nicht erreicht werden. Ein Okular mit 40mm Brennweite sollte deshalb unbedingt dazugekauft werden.
- Das meist mitgelieferte Zenitprisma erschwert die Orientierung aufgrund des gespiegelten Bildes jedoch sehr. Viel sinnvoller ist ein Amiciprisma, weil es das Bild nicht spiegelt und gleichzeitig die Umkehrlinse überflüssig macht.

Leistung:

- *Mond und Planeten:* Ist die Montierung gut ausgerichtet und nicht zu wackelig, kann bis 140× vergrößert werden. Das bringt nicht nur viele Feinheiten auf dem Mond, sondern

AUSWAHL

Leistungsdaten

- ☐ Öffnung = 70mm
- ☐ Brennweite = 900mm
- ☐ Minimalvergrößerung = 10×
- ☐ sinnvolle größte Okularbrennweite = 40mm (23×)
- ☐ Maximalvergrößerung = 140×
- ☐ sinnvolle kleinste Okularbrennweite = 7mm (129×)
- ☐ Lichtsammelvermögen = 100× bloßes Auge
- ☐ Auflösungsvermögen = 30× bloßes Auge

Der 70/900mm-Refraktor auf parallaktischer Montierung (hier: EQ-2) mit biegsamen Wellen für die manuelle Nachführung.

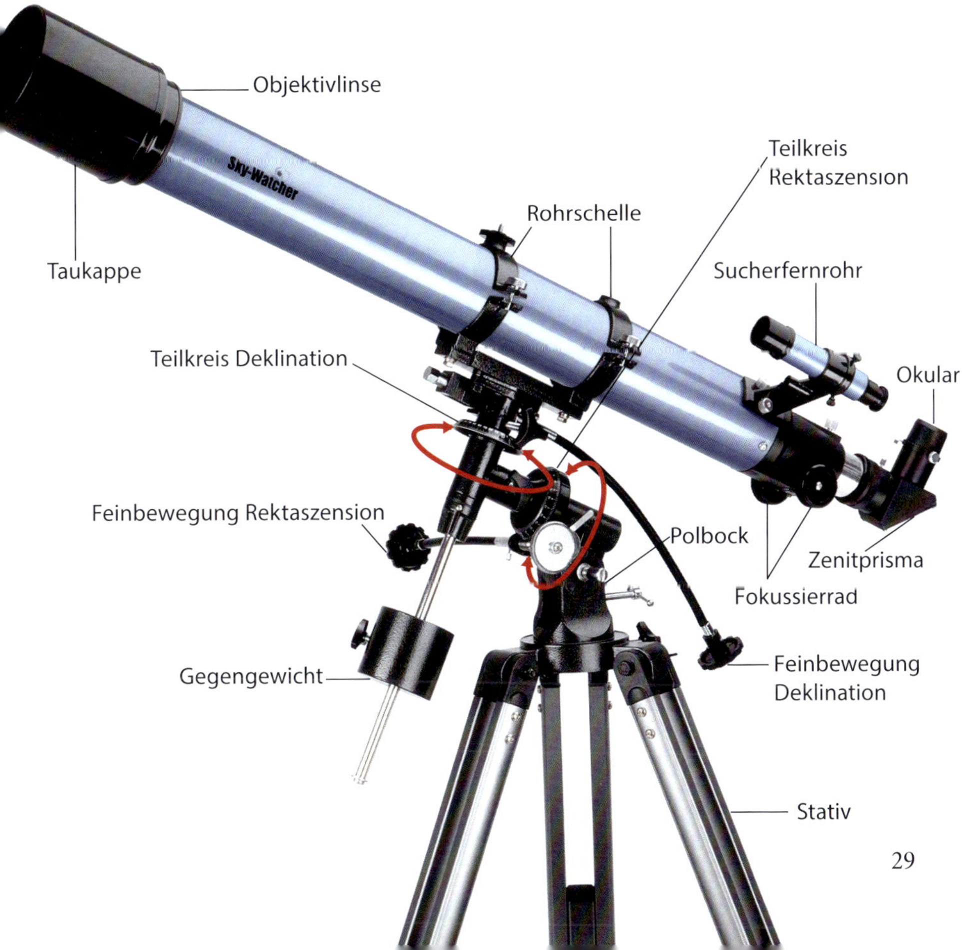

auch die Cassini-Teilung im Saturnring zum Vorschein. Mit Mühe und viel Geduld sind Flecken in den Jupiterbändern und dunkle Gebiete auf Mars zu sehen.

- *Deep-Sky:* Viele Sternhaufen sind unter dunklem Himmel zu sehen, die Leistung bei Nebeln und Galaxien ist begrenzt. Große Objekte kommen nur mit dem zusätzlichen 40mm-Okular zur Geltung.
- *Fotografie:* Wenn überhaupt lassen sich nur leichte Kameras anbringen. Längere Belichtungszeiten sind nicht möglich. Eine motorische Nachführung erleichtert die Handhabung, weil das Fernrohr nicht mehr angefasst werden muss und dadurch Verwacklungen vermieden werden.

Varianten des 70/900-Refraktors auf parallaktischer Montierung

☐ 60/900

Die etwas geringere Öffnung gegenüber dem 70mm-Teleskop ist kaum spürbar. Der Farbfehler ist bei der 60/900-Variante reduziert, das Hebelarm-Problem bleibt jedoch bestehen.

☐ 70/500

Das durch die kürzere Brennweite kompakte Teleskoprohr lässt sich leichter transportieren. Eine gute Übersicht bietet sich bei kleinster Vergrößerung mit einem 40mm-Okular (13×). Die maximale sinnvolle Okularbrennweite ist 4mm (125×); da auch der Farbfehler viel größer als bei der 900mm-Version ist, eignet sich diese kompakte Variante wenig zur Mond- und Planetenbeobachtung.

☐ 70/700

Das Teleskoprohr ist durch die kürzere Brennweite kompakter und leichter, der Farbfehler aber deutlicher als bei der 900mm-Version.

☐ 80/900

Die größere Öffnung ist deutlich spürbar: 130-faches Lichtsammelvermögen und 35-faches Auflösungsvermögen gegenüber dem bloßen Auge sind eine deutliche Steigerung zu 70mm. Das größere Gewicht und das lange Teleskoprohr machen jedoch eine noch stärkere Montierung nötig; die EQ-1 ist in jedem Fall ungeeignet. Mit stabiler Montierung ist der Einsatz des 6mm-Okulars sinnvoll (150×).

80/900

60/900

76/700-Newton auf azimutaler Gabelmontierung

Preis: 70 bis 160 Euro

Kleiner kann ein Spiegelteleskop kaum sein: 76mm ist auf dem Teleskopmarkt das absolute Minimum. Berühmt geworden ist der 76/700mm-Newton, als ihn Ende der 1990er-Jahre ein Kaffeeröster mit ins Programm nahm.

Optik:

- Die Optik besteht aus einem sphärischen Hauptspiegel und einem planen Fangspiegel und ist meistens nicht so schlecht. Bei einigen Modellen ragt jedoch der Okularauszug während der Beobachtung derart in den Strahlengang hinein, dass es zu Abschattungen kommt.
- Der Fangspiegel im Strahlengang führt dazu, dass die effektive Öffnung verringert wird. Dies äußert sich in einem Lichtverlust, aber noch wesentlich stärker im Kontrastverlust der Optik. Die Leistung entspricht deshalb maximal der des 60mm-Linsenteleskops.

Montierung:

- Die azimutale Montierung erschwert die Nachführung bei Vergrößerungen von mehr als 50×, da nur in der Höhenachse eine Feinbewegung vorhanden ist. Das Teleskop muss daher ständig von Hand angefasst und nachgestellt werden, was nicht nur sehr viel Gefühl erfordert, sondern auch zu ständigem Zittern des Bildes führt. Für höhere Vergrößerungen ist das Teleskop daher kaum zu gebrauchen.

Zubehör:

- Meistens mitgegeben sind Okulare mit 25mm, 12,5mm und 4mm Brennweite. Letzteres ist kompletter Unsinn und kann nicht sinnvoll verwendet werden, ebenso wie Barlow- und Umkehrlinse. Unbedingt anzuraten ist jedoch ein

Leistungsdaten

- ☐ Öffnung = 76mm, effektiv 72,4mm
- ☐ Brennweite = 700mm
- ☐ Minimalvergrößerung = 11×
- ☐ sinnvolle größte Okularbrennweite = 40mm (18×)
- ☐ Maximalvergrößerung = 120×
- ☐ sinnvolle kleinste Okularbrennweite = 6mm (117×)
- ☐ Lichtsammelvermögen = 107× bloßes Auge
- ☐ Auflösungsvermögen = 33× bloßes Auge

Der kleine 76/700mm-Newton auf parallaktischer Montierung ist das meistgekaufte Einsteigerteleskop, seit es in den Katalog eines Kaffeerösters aufgenommen wurde.

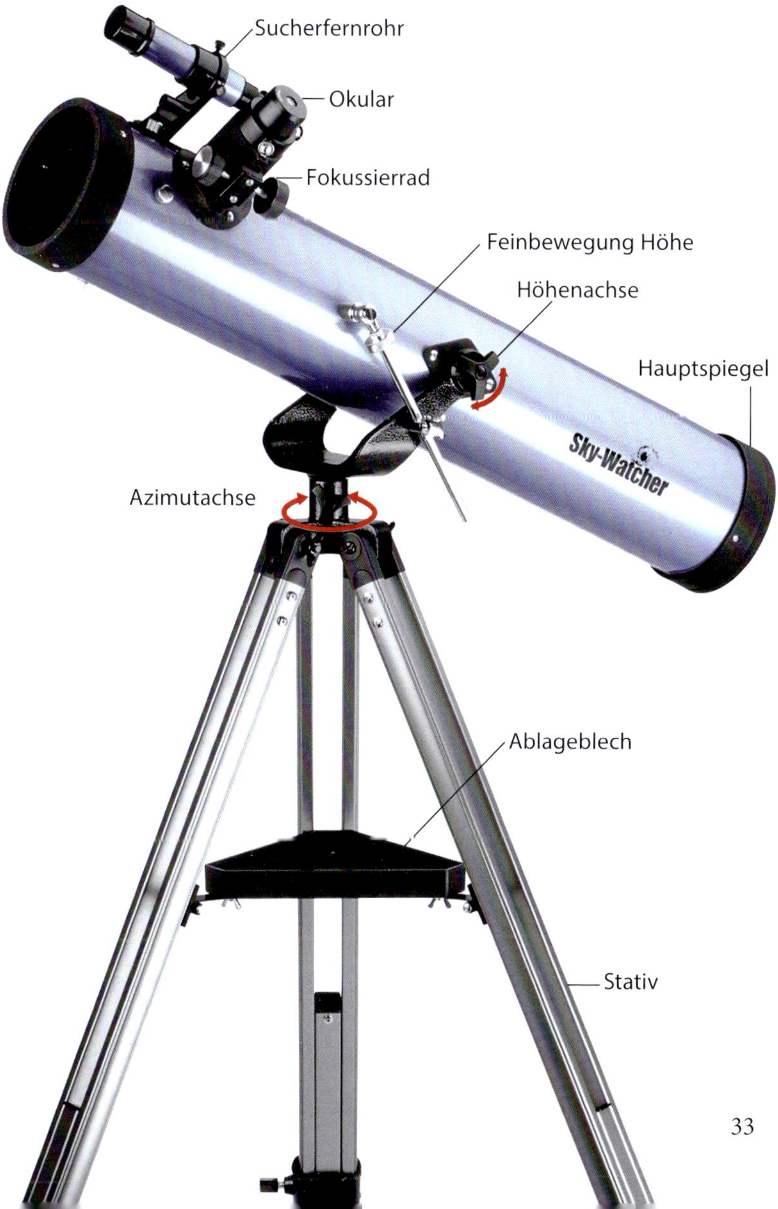

40mm-Okular, das die Übersicht gegenüber dem 25mm-Okular deutlich erhöht (etwa um 80%) und viele große Objekte erst richtig fassen lässt.

Möglichkeiten:

- *Mond und Planeten:* Die sinnvolle Maximalvergrößerung lässt detaillierte Planetenbeobachtung nicht zu. Erfassbar sind die Venusphasen und die Jupitermonde. Der Saturnring ist zu sehen, aber ohne 3D-Effekt. Mars sind praktisch keine Details zu entlocken.
- *Deep-Sky:* Nur die allerhellsten Objekte sind zu erkennen. Kugelsternhaufen erscheinen durchweg nicht aufgelöst, viele größere Sternhaufen benötigen ein Okular großer Brennweite.
- *Fotografie:* Nicht möglich.

Varianten des 76/700-Newton auf azimutaler Gabelmontierung

☐ 76/500

Die nur etwas kürzere 500mm-Variante besitzt dieselben Probleme wie der 700mm-Standard ohne wesentliche Vor- oder Nachteile. Das Teleskoprohr ist kürzer, die kleinste sinnvolle Okularbrennweite 5mm (100×).

☐ 76/700 parallaktisch

Die Version auf einer parallaktischen Montierung erweitert die Verwendbarkeit ungemein. Aufgrund der viel einfacheren Nachführung sind höhere Vergrößerungen möglich. Dies erweitert insbesondere die Möglichkeiten bei der Mond- und Planetenbeobachtung. Das Beobachtungserlebnis ist hauptsächlich von der Qualität der Montierung abhängig.

☐ 76/900 parallaktisch

Die längere Brennweite bringt ein längeres Rohr mit sich, was eine parallaktische Montierung verlangt. Die größere Brennweite reduziert aber auch die Bildfehler des Kugelspiegels. Die kürzeste sinnvolle Okularbrennweite liegt bei 7mm.

☐ 114/900

Der 114er-Newton ist ein ganz anderes Kaliber als der 76mm-Standard. Die Leistung ist mit 242× Lichtsammel- und 504× Auflösungsvermögen in einer völlig anderen Liga. Allerdings ist die wackelige azimutale Gabelmontierung mit dem sehr viel schwereren und längeren Tubus völlig überfordert. In der Praxis sind die Vorteile deshalb kaum nutzbar.

76/700 parallaktisch

114/900

76/300-Newton auf azimutaler Dobson-Montierung

Preis: 70 bis 120 Euro

Das kleine 76mm-Newton-Spiegelteleskop auf einer Dobson-Montierung erhöht Stabilität und Spaß bei der Beobachtung – ideal für Kinder!

Optik:

- Die Optik besteht aus einem sphärischen Hauptspiegel und einem planen Fangspiegel. Die Brennweite beträgt mit 300mm bei der Dobson-Variante nur die Hälfte im Vergleich zu den Modellen, die auf Gabelmontierungen angeboten werden. Dadurch sind kleinere Vergrößerungen leichter erreichbar, mehr als eine etwa 75-fache Vergrößerung ist jedoch nicht drin. Bei einigen Modellen ragt der Okularauszug während der Beobachtung derart in den Strahlengang hinein, dass es zu Abschattungen kommt.
- Der Fangspiegel im Strahlengang führt dazu, dass die effektive Öffnung verringert wird. Dies äußert sich in einem Lichtverlust, aber noch wesentlich stärker im Kontrastverlust der Optik. Die Leistung entspricht deshalb maximal der des 60mm-Linsenteleskops.

Montierung:

- Die azimutale Dobson-Montierung ist viel stabiler als die wackelige Gabelmontierung und intuitiv zu bedienen. Sie kann auf einem Tisch aufgebaut werden. Man fasst das Teleskop am vorderen Ende an und schubst es dorthin, wo man es haben will. Allerdings fehlen Feinbewegungen, was den Gebrauch bei höheren Vergrößerungen schwierig macht, denn das Teleskop muss ständig von Hand angefasst und nachgestellt werden, was viel Gefühl erfordert.

Leistungsdaten

- ☐ Öffnung = 76mm, effektiv 72,4mm
- ☐ Brennweite = 300mm
- ☐ Minimalvergrößerung = 11×
- ☐ sinnvolle größte Okularbrennweite = 25mm (12×)
- ☐ Maximalvergrößerung = 120×
- ☐ sinnvolle kleinste Okularbrennweite = 4mm (75×)
- ☐ Lichtsammelvermögen = 107× bloßes Auge
- ☐ Auflösungsvermögen = 33× bloßes Auge

Der kleine 76/300mm-Newton als Dobson-Teleskop erfreut sich aufgrund stabiler Montierung und kompakter Größe immer größerer Beliebtheit.

Zubehör:

- Aufgrund der kurzen Brennweite passen die meist mitgegebenen Okulare der Brennweiten 20mm bis 4mm gut. Lediglich Umkehr- und Barlowlinse sind nicht zu gebrauchen. Um den seitlich angebrachten Sucher zu verwenden, muss man sich hinter das Teleskop bücken, was sehr unbequem ist.

Möglichkeiten:

- *Mond und Planeten:* Die sinnvolle Maximalvergrößerung lässt detaillierte Planetenbeobachtung nicht zu. Erfassbar sind die Venusphasen und die Jupitermonde. Der Saturnring ist zu sehen, aber ohne 3D-Effekt. Mars sind praktisch keine Details zu entlocken.
- *Deep-Sky:* Viele Sternhaufen sind unter dunklem Himmel zu sehen, die Leistung bei Nebeln und Galaxien ist begrenzt. Große Objekte kommen besonders gut zur Geltung.
- *Fotografie:* Nicht möglich.

Varianten des 76/300-Newton auf azimutaler Dobson-Montierung

☐ 76/300 Kugelmontierung

Dieses auch als »Infinity« bekannte Modell sieht seltsam aus, es ist aber ebenfalls eine 76/300-Newton-Optik auf einer azimutalen Montierung, die hier jedoch in Kugelform realisiert ist. Das Teleskop wird auf den Basisring gesetzt und bewegt. Dies ist jedoch nur bei kleinen Vergrößerungen gut möglich. Das beigegebene Okular liefert 30×.

☐ 100/640

Diese größere Version des Mini-Dobson besitzt deutlich mehr Power. Der Tubus ist doppelt so lang wie beim 300mm-Modell, so dass man neben dem Teleskop sitzen kann. Auch der Einblick in den Peilsucher ist dadurch wesentlich leichter.

☐ 114/500

114mm Öffnung bringen mehr als doppelt so viel Leistung wie beim 76mm-Modell. Die kurze Brennweite erlaubt aber ebenfalls nur geringe Vergrößerungen, mehr als 100× ist nicht drin. Objekte, die sehr hoch stehen, können konstruktionsbedingt nicht beobachtet werden.

☐ 130/650

130mm ist schon eine richtig ordentliche Öffnung. Zusammen mit der Dobson-Montierung und einem parabolischen Spiegel lassen sich damit Mond, Planeten und vor allem Deep-Sky-Objekte detailliert beobachten. Der Tubus ist halboffen, der vordere Teil lässt sich an zwei Stangen ausziehen, so dass der Transport vereinfacht wird.

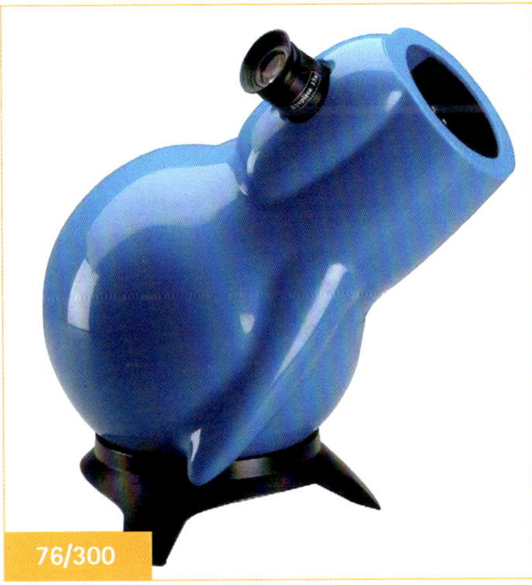

76/300

100/640

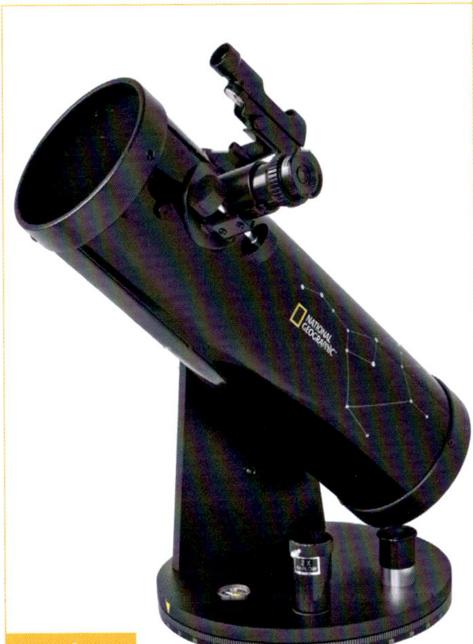

114/500

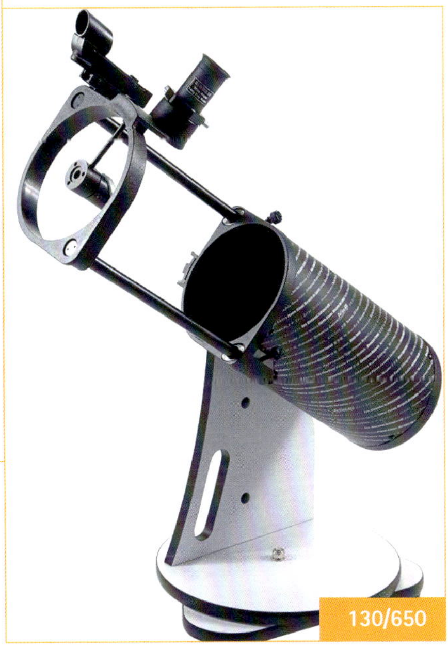

130/650

114/900-Newton auf parallaktischer Montierung

Preis: 130 bis 280 Euro

Der 114/900mm-Newton ist seit vielen Jahrzehnten das klassische Einsteiger-Spiegelteleskop. Erst im neuen Jahrtausend wurde er zunehmend vom 76/700-Newton verdrängt. Diesem gegenüber bietet er ein drei Mal so großes Lichtsammelvermögen und kann somit erheblich mehr zeigen, ist allerdings auch wesentlich größer und wird nur auf parallaktischen Montierungen angeboten.

Optik:

- Der Hauptspiegel ist in den meisten Fällen parabolisch geschliffen, gleichzeitig ist der Fangspiegel relativ klein, so dass sich nur geringe Licht- und Kontrasteinbußen ergeben. Insgesamt kann man die Leistung an Planeten mit einem guten achromatischen 80mm-Linsenteleskop gleichsetzen.

Montierung:

- Fast alle mit dem 114mm-Newton angebotenen Montierungen sind zu schwach für das Teleskop. Das resultierende Zittern kann bei etwas Wind schnell dazu führen, dass gar nicht mehr beobachtet werden kann.
- Die parallaktische Montierung erfordert ein wenigstens grobes Einnorden. Ohne diese Ausrichtung ist das Einstellen von Objekten kaum möglich.
- Die Feinbewegungen, meist als biegsame Wellen realisiert, ermöglichen ein wackelfreies Nachführen auch bei höheren Vergrößerungen.
- Bei den meisten Montierungen kann ein Motor für die Rektaszensionsachse nachgerüstet werden, der die Nachführung automatisiert.

Zubehör:

- Das 6mm-Okular ist bei stabiler Montierung das Höchste der Gefühle. Wichtiger ist ein in der Grundausstattung fehlendes Okular langer Brennweite für bessere Übersicht beim Aufsuchen. Mit dem meistens vorhandenen 25mm-Okular beträgt die Vergrößerung schon 36×.

Leistung:

- *Mond und Planeten:* Ist die Montierung stabil, kann die Vergrößerung auf bis zu 150× gesteigert werden. Das bringt Strukturen auf dem Mars und den Großen Roten Fleck auf Jupiter in Reichweite; es gehört aber Übung und Geduld dazu, diese Feinheiten zu sehen. Saturn zeigt die Cassini-Teilung unmissverständlich.
- *Deep-Sky:* Bei Nebeln und Galaxien macht sich das Mehr an Licht beson-

AUSWAHL

Leistungsdaten

- ☐ Öffnung = 114mm (effektiv 109mm)
- ☐ Brennweite = 900mm
- ☐ Minimalvergrößerung = 16×
- ☐ sinnvolle größte Okularbrennweite = 40mm (23×)
- ☐ Maximalvergrößerung = 150×
- ☐ sinnvolle kleinste Okularbrennweite = 6mm (150×)
- ☐ Lichtsammelvermögen = 242× bloßes Auge
- ☐ Auflösungsvermögen = 50× bloßes Auge

Das 114/900mm-Spiegelteleskop ist der Klassiker unter den Einsteigerteleskopen mit etwas mehr Öffnung. Die parallaktische Montierung (hier: EQ-2) besitzt biegsame Wellen zur manuellen Nachführung und kann mit einem Motor nachgerüstet werden.

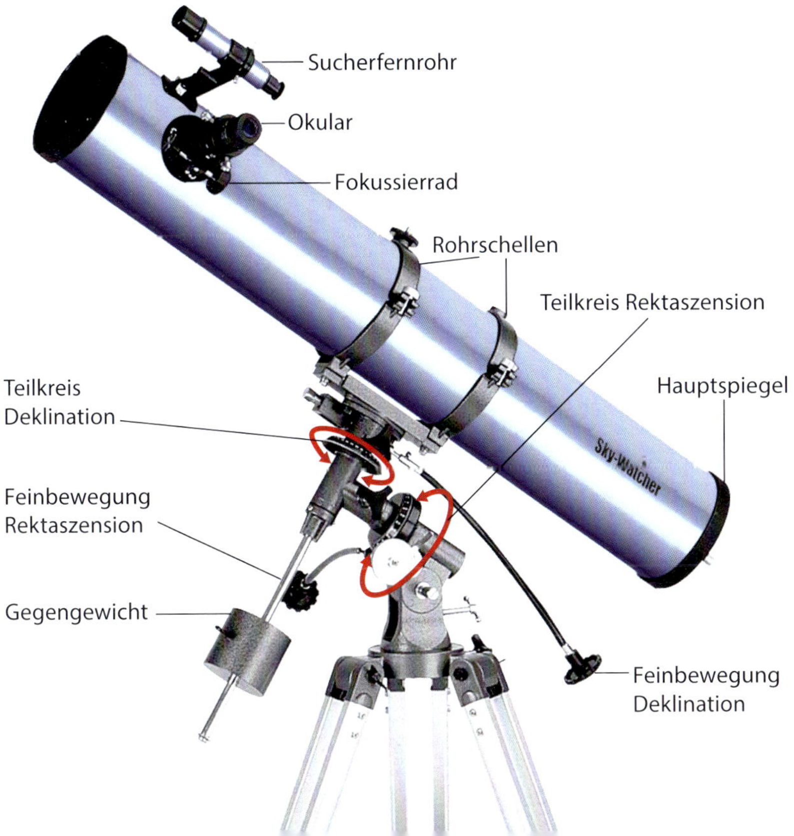

ders deutlich bemerkbar. Die Zahl der erreichbaren Objekte potenziert sich gegenüber 76mm Öffnung. Besonders profitieren die Kugelsternhaufen: Objekte wie M 13 erscheinen unter dunklem Himmel deutlich aufgelöst.

Varianten des 114/900-Newton auf parallaktischer Montierung

☐ 76/700

Es gibt vereinzelt auch den kleinen 76mm-Newton auf parallaktischer Montierung. Die wesentlich kleinere Öffnung ist mit viel weniger Leistungsvermögen verbunden. Sie sammelt nur halb so viel Licht und löst halb so viel auf wie der 114mm-Newton. Allerdings reichen hier parallaktische Montierungen des Typs EQ-1 oder EQ-2 aus, während diese mit dem 114/900 überfordert sind.

☐ 114/500

Diese Alternative besitzt ein kompaktes Teleskoprohr durch kurze Brennweite. Am Himmel ergibt sich eine sehr große Übersicht, weil sich die Minimalvergrößerung gut erreichen lässt. Die maximal sinnvolle Okularbrennweite ist 30mm und liefert 17×. Große Himmelsobjekte profitieren davon. Gleichzeitig ist jedoch das Vergrößerungsvermögen durch Bildfehler des Kugelspiegels deutlich verringert. Die minimal sinnvolle Okularbrennweite ist 4mm (125×). Diese Bauart ist deshalb weniger gut geeignet für die Planetenbeobachtung.

☐ 114/900 azimutal

Den 114er-Newton gibt es auch mit azimutaler Montierung. Allerdings ist die wackelige Gabelmontierung mit dem schweren und langen Tubus völlig überfordert. In der Praxis ist das Teleskop deshalb kaum nutzbar.

☐ 114/1000

Nominell hat diese Variante eine größere Brennweite als der Standard, gleichzeitig ist das Teleskoprohr ähnlich kompakt wie bei der 500mm-Variante. Der Trick: Eine fest im Okularauszug eingebaute Barlowlinse verlängert die Brennweite. Diese Linse führt Farbfehler ins System ein, zudem entstehen Bildfehler durch die Kugelform des Hauptspiegels. Im Ergebnis führt dies zu einer deutlich schlechteren Leistung als mit der 900mm-Variante.

76/700

114/500

114/900 azimutal

114/1000

Alternative: Fernglas

Das klassische Astro-Glas mit 10-facher Vergrößerung und 50mm Öffnung wird oft von Discountern oder Fotoläden zu einem vergleichbaren Preis wie Billigteleskope angeboten – manchmal sogar noch deutlich günstiger. Selten handelt es sich jedoch um Schnäppchen. Solche Gläser sind oft jedoch mit ähnlichen Mängeln behaftet wie billige Teleskope.

Viele Ferngläser haben ein kontrastarmes, extrem flaues Bild, das einen deutlichen Farbfehler aufweist. Nachts gefällt das große Feld, mit dem Himmelsobjekte relativ leicht gefunden werden können – ein großes Plus gegenüber den Teleskopen. Aber das sichtbare Detail bleibt hinter den Teleskopen weit zurück: Der Mond zeigt neben zahlreichen Geisterbildern kaum feinere Einzelheiten, die Jupitermonde sind nur mit Mühe und teilweise zu sehen, der Saturnring gar nicht.

Gerade Einsteiger liebäugeln mit Ferngläsern, die eine veränderbare Vergrößerung haben. Zoom-Ferngläser sind seit den 1970er-Jahren beliebt im Billigsektor. In der Praxis ergibt sich jedoch das Problem, dass Gläser mit mehr als 10-facher Vergrößerung nicht mehr freihändig gehalten werden können. Bei allen Anwendungen zittert und schwingt das Bild schon bei 15× derart, das keine Beobachtungen möglich sind. Noch höhere Vergrößerungen können überhaupt nicht genutzt werden. Dazu kommen extreme Farbfehler, die viel schlimmer als bei den Teleskopen ausfallen und jedes Bild zur ästhetischen Katastrophe werden lassen. Während am Mond trotz zahlreicher Geisterbilder noch ein Eindruck der Kraterlandschaft gesammelt werden kann, sind die Jupitermonde bereits schwierig und der Saturnring gar nicht zu sehen.

Ein klassisches Fernglas ist keine Alternative zum Teleskop, wenn es in derselben Preisklasse angeboten wird. Erst deutlich teurere Gläser erlauben eine Beobachtungsfreude, die die Verluste der Detailwahrnehmung gegenüber dem Teleskop wieder ausgleichen kann. Ein Fernglas mit mehr als 10-facher Vergrößerung gehört auf jeden Fall auf ein Stativ – ein solches müsste samt Halter für das Gerät extra gekauft werden. Damit erhöhen sich die Kosten auf deutlich über 100€ – ohne dass die Fähigkeiten des Gerätes auch dann an die der Teleskope heranreichen könnte.

Ferngläser haben eine feste Vergrößerung (links) oder einen Zoombereich (rechts). Vergrößerungen von mehr als 10× können jedoch nur auf einem Stativ sinnvoll genutzt werden.

Alternative: Spektiv

Spektive sind kleine Refraktoren, die nicht für die Astronomie, sondern die Naturbeobachtung gedacht sind. Sie besitzen deshalb ein aufrechtes und seitenrichtiges Bild und besitzen einen um 45° abgewinkelten Einblick. Sie haben Objektivöffnungen von 30mm bis 60mm und Zoom-Okulare mit Vergrößerungen zwischen 15× und 60×.

Die Tagbeobachtung ist den astronomischen Teleskopen überlegen: Mit dem großen und korrekt orientierten Feld lassen sich Vögel oder Segelboote schnell finden und gut verfolgen. Billigspektive besitzen jedoch bei höheren Vergrößerungen starke Farbfehler, die vergleichbar mit denen der Teleskope sind.

An astronomischen Zielen sind Billigspektive gleichteuren Teleskopen unterlegen. Sie sind meistens unschärfer und erreichen gerade an Mond und Planeten nicht deren Leistung. Größtes Problem sind auch bei den Spektiven die Montierungen: Hochwertige Fotostative kosten mehrere hundert Euro, billige Stative sind dagegen mindestens ebenso wackelig wie Teleskopmontierungen.

Ein Spektiv ist ein Fernrohr für die Erdbeobachtung. Es besitzt in den meisten Fällen keine Wechselokulare, d.h. die Vergrößerung ist fest vorgegeben.

Zeitpunkt und Standort

Sterne funkeln am Abendhimmel. Heute Abend wollen Sie Ihr Teleskop zum ersten Mal ausprobieren.

1. Astronomische Beobachtungen sind natürlich nur sinnvoll, wenn es klar ist. Beobachten Sie das Wetter, ob eine längere Periode klaren Himmels abzusehen ist. Hilfreich ist der Wetterbericht aus dem Internet oder Fernsehen.
2. Wählen Sie als Standort für das Teleskop einen möglichst ebenen Platz mit freiem Blick. Ist das nicht möglich, sollte wenigstens zwischen Südosten und Südwesten freie Aussicht möglich sein, denn in dieser Richtung befinden sich die Planeten und der Mond.
3. Auch wenn es draußen bitterkalt ist: Beobachten Sie niemals durch ein offenes oder geschlossenes Fenster! Am offenen Fenster findet ein Austausch zwischen warmer Zimmerluft und kalter Außenluft statt, der das Bild im Teleskop völlig ruiniert. Beim geschlossenen Fenster stört die Glasscheibe, die nicht genau genug geschliffen ist und das Bild im Teleskop deshalb ebenfalls wesentlich verschlechtert.
4. Versuchen Sie Straßenlaternen zu meiden. Ihr Licht blendet stark, ebenso wie vorbeifahrende Autos. Je dunkler der Himmel ist und je weniger Streulicht vorhanden ist, desto mehr zeigt das Fernrohr. Auf dem Land oder im Gebirge zeigen kleine Teleskope deshalb mehr als größere Instrumente in der Stadt.

TIPP

- ☐ Eine Drehbare Sternkarte zeigt den Himmelssausschnitt für jeden Zeitpunkt. Damit können Sternbilder ausfindig gemacht werden.
- ☐ In einem astronomischen Jahrbuch erfährt man, wo Mond und Planeten gerade stehen.
- ☐ Verwenden Sie eine rote LED-Taschenlampe beim Kartenlesen, um die Augen nicht zu blenden, oder blenden Sie eine vorhandene Lampe mit roter Folie ab.

Wie viel man vom Himmel sehen kann, hängt stark vom jeweiligen Standort ab. In der Umgebung von Städten (links) ist der Himmel aufgehellt, nur wenige Sterne sind zu sehen und die Milchstraße verschwindet fast ganz.

Weitab von den Ballungsräumen und im Gebirge (rechts) ist der Himmel dunkler und zeigt viel mehr Sterne, die Milchstraße wird sichtbar. Auch ein Teleskop kann hier viel mehr zeigen.

FIRST LIGHT

Aufbauen

Der Aufbau des Teleskops kann im Haus erfolgen. Befolgen Sie dazu Ihre Betriebsanleitung.

1. Bei den meisten Einsteigerteleskopen muss man zunächst die Stativbeine an die Montierungsbasis schrauben. Das Stativ sollte man voll ausziehen, da es dann am stabilsten ist. Wichtig ist es, das Ablageblech mit den Stativbeinen zu verschrauben; dies verleiht zusätzliche Stabilität. Schließlich wird das Teleskoprohr in die Rohrschelle gelegt und festgeklemmt.
2. Bei der Deutschen Montierung muss noch ein Ausbalancieren mit dem Gegengewicht erfolgen. Dazu werden die Klemmen der Rektaszensions- und Deklinationsachse gelöst und das Gegengewicht so auf der Gegengewichtsstange platziert, dass das Fernrohr im Gleichgewicht ist. Schließlich werden die biegsamen Wellen befestigt oder – sofern vorhanden – der Nachführmotor angeschlossen.
3. Jetzt kann das Teleskop nach draußen gebracht werden. Zuerst wird der Deckel vor dem Objektiv abgenommen. Achtung: Nicht nur die zentrale Aussparung abnehmen, sondern den ganzen Deckel. Setzen Sie bei Linsenteleskopen zunächst das Zenitprisma in den Okularauszug und klemmen es gut fest. Dann

Beim Aufbauen des Teleskops sollte das Ablageblech steif eingebaut (links) und die Stativschrauben fest angezogen werden (rechts).

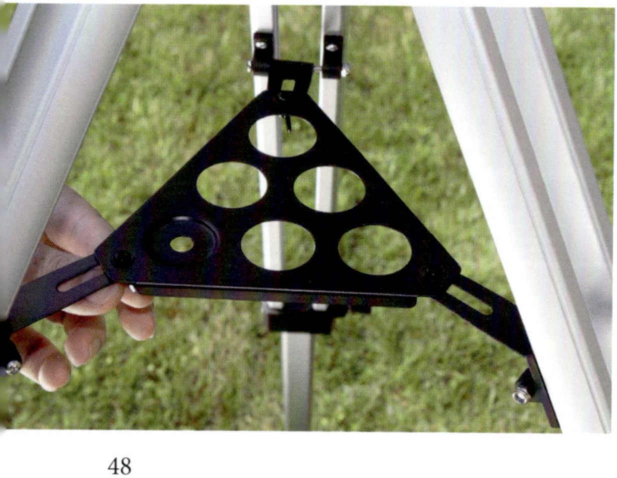

wird das Okular mit der längsten Brennweite im Zenitprisma (Linsenteleskop) oder Okularauszug (Spiegelteleskop) eingeführt. Klemmen Sie es ebenfalls gut fest.

4. Geben Sie dem Teleskop gerade bei kalter Witterung Zeit zum Auskühlen. Erst wenn es sich an die Lufttemperatur angepasst hat, kann es seine Leistung zeigen. Planen Sie dafür etwa eine halbe Stunde ein.

Achten Sie darauf, den ganzen Objektivdeckel abzunehmen, nicht nur die zentrale Öffnung!

Einnorden

Mit einer azimutalen Montierung kann man jetzt mit der Beobachtung beginnen. Eine parallaktische Montierung muss jedoch vorher eingerichtet werden:

1. Polhöhe am Polbock entsprechend der geographischen Breite einstellen (ca. 50°)
2. Nordrichtung mithilfe eines Kompasses bestimmen
3. Rektaszensionsachse der Montierung nach Norden ausrichten

Eine parallaktische Montierung muss auf den Himmelspol ausgerichtet werden. Dazu muss die Polhöhe zunächst eingestellt werden. Ist die Montierung richtig eingenordet, kann sie die Erddrehung kompensieren.

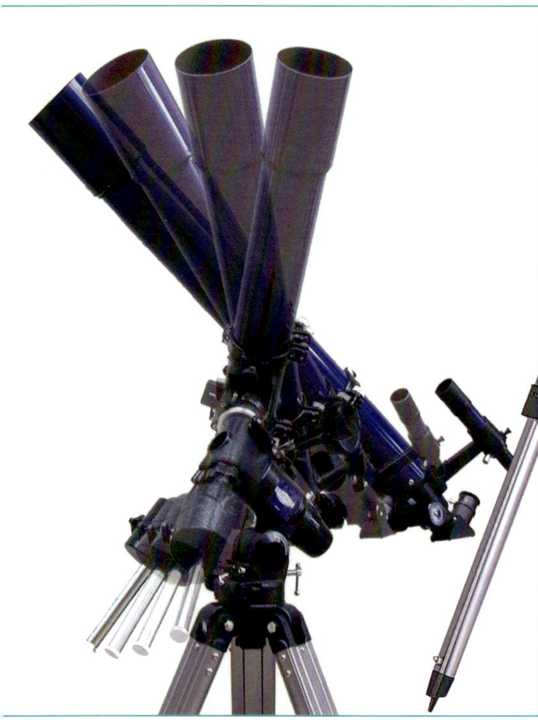

Die Rektaszensionsachse muss auf den Himmelsnordpol zeigen, der durch den Polarstern markiert wird. Dieser lässt sich nachts leicht finden:

1. Das Muster des Großen Wagens suchen. Dieses Muster lässt sich auch als »Große Schöpfkelle« (engl. big dipper) verstehen.
2. Die beiden vorderen Kastensterne um etwa das Fünffache in die Richtung verlängern, nach der die Schöpfkelle »offen« ist.
3. Der relativ einsame Stern, etwa genau so hell wie die Sterne des Großen Wagens, ist der Polarstern.

Will man nicht fotografieren, reicht eine grobe Ausrichtung.

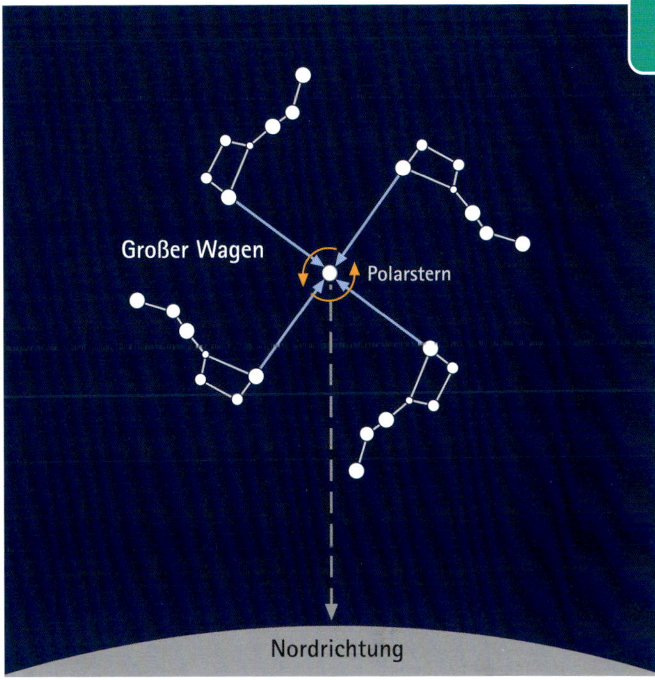

Der Polarstern zeigt die Nordrichtung an. Er kann mithilfe des Großen Wagens leicht gefunden werden.

Sucherjustage

Das Sucherteleskop muss genau parallel zum Hauptteleskop justiert werden.

1. Zunächst wählt man eine gut sichtbare Horizontmarkierung (Turm, Mast), die im Teleskop eingestellt wird.
2. Durch Lockern der Schrauben an der Halterung des Sucherteleskops kann man den Sucher bewegen.
3. Ohne das Teleskop insgesamt zu verstellen, geschieht das Ausrichten des Sucherteleskops auf die eingestellte Marke.
4. Mit dem Anziehen der Schrauben der Halterung (dabei in den Sucher blicken) werden die optischen Achsen beider Teleskope parallel ausgerichtet.

Ab und zu sollte man die Prozedur wiederholen, da sich die Ausrichtung des Suchers mit der Zeit verstellen kann.

Die genaue Einrichtung des Suchers ist wichtig, um Himmelsobjekte mit dem Teleskop finden zu können. Das Sucherteleskop wird zunächst in die Halterung auf dem Hauptteleskop eingesetzt (oben). Die Justage erfolgt durch Lösen und Klemmen der Stellschrauben an der Halterung (Mitte). Viele Sucherteleskope können am Okular für das Auge des Beobachters scharfgestellt werden (unten).

Aufsuchen

Das Auffinden ist für viele Teleskop-Neulinge die schwierigste Aufgabe. Beginnen Sie zunächst mit einfachen hellen Objekten, die Sie gut mit bloßem Auge sehen können. Bei diesen geschieht das Aufsuchen in drei Schritten:

1. Die Klemmen der Montierung werden geöffnet. Das Objekt wird entlang dem Teleskoprohr angepeilt. Ist ein Peilsucher vorhanden, kann das so genau geschehen, dass das Objekt bereits im Okular des Teleskops zu sehen ist.
2. Ohne Peilsucher, aber mit optischem Sucher wird mit offenen Montierungsklemmen versucht, das Objekt in das Suchergesichtsfeld zu bekommen. Ist das Objekt im Sucherfeld sichtbar, stellt man die Klemmen der Montierung fest und zentriert das Ziel mit den Feinbewegungen im Sucherteleskop.
3. Nun wechselt man zum Hauptteleskop. Wichtig ist, dass der Sucher vorher parallel zum Hauptrohr justiert wurde. Hier sollte bereits das Okular mit der niedrigsten Vergrößerung im Auszug stecken. Wenn das Objekt noch nicht im Gesichtsfeld eingestellt ist, erkennt man vielleicht anhand von Geisterbildern oder aufgehelltem Himmel in einer bestimmten Richtung, wo das gesuchte Objekt steht.

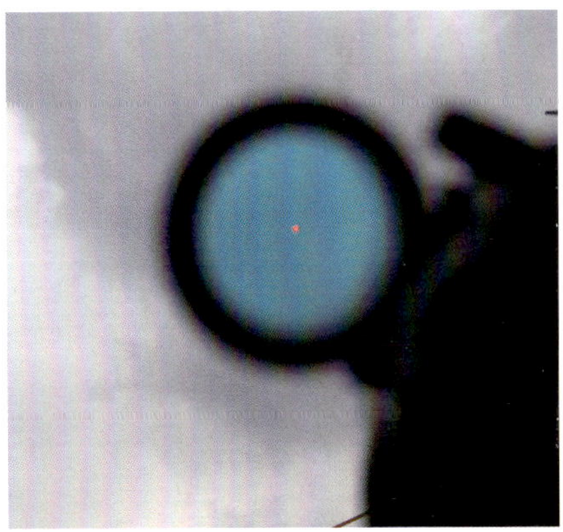

Bei Linsenteleskopen kann man helle Objekte gut entlang des Teleskoprohrs anpeilen (oben). Ein Peilsucher, der eine Markierung an den Himmel projiziert, ist jedoch sehr hilfreich (unten).

Scharfstellen

Das Scharfstellen eines Fernrohrs geschieht über die Drehknöpfe am Okularauszug.

1. Fokussiert wird durch langsames Drehen des Fokussierrads, wobei zunächst ein möglichst niedrig vergrößerndes Okular benutzt wird. Es ist umso schwieriger ein Bild scharf zu stellen und auch überhaupt ein scharfes Bild zu erhalten, je höher die Vergrößerung ist.
2. Für jedes neue Okular und jeden Beobachter muss einzeln scharfgestellt werden. Dies sollte mit Geduld erfolgen. Ist das Teleskop nicht exakt scharfgestellt, zeigt es nur einen Bruchteil des tatsächlich Möglichen.
3. Sterne werden bei perfekter Fokussierung als feine Pünktchen abgebildet. Bei unscharfer Abbildung werden die Sterne zu runden Scheibchen mit hellerem Rand. Bei Spiegelteleskopen sieht man dazu in der Mitte einen dunklen Fleck, der das Abbild des Fangspiegels zeigt.

Lassen sich die Sterne nicht richtig scharfstellen, ist entweder ein Qualitätsmangel oder eine nicht justierte Optik schuld. Linsenteleskope zeigen außerdem einen farbigen Saum auch um richtig scharfgestellte helle Objekte.

Zum Scharfstellen des Fernrohrs bewegt man den Okularauszug mit dem Fokussierrad, hier vorgeführt an einem Linsenteleskop (links) und einem Spiegelteleskop (rechts). ▼ ▶

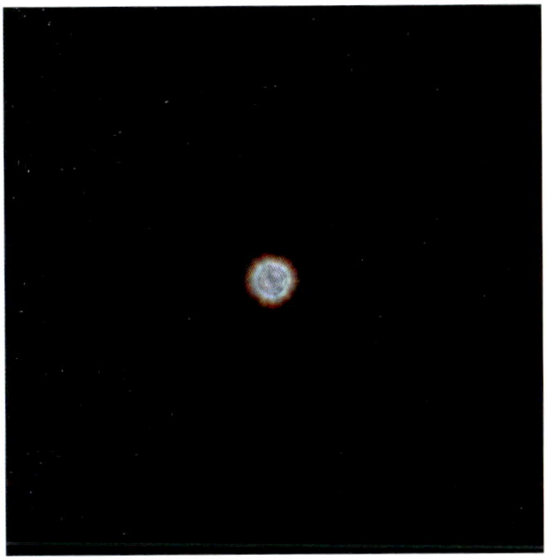

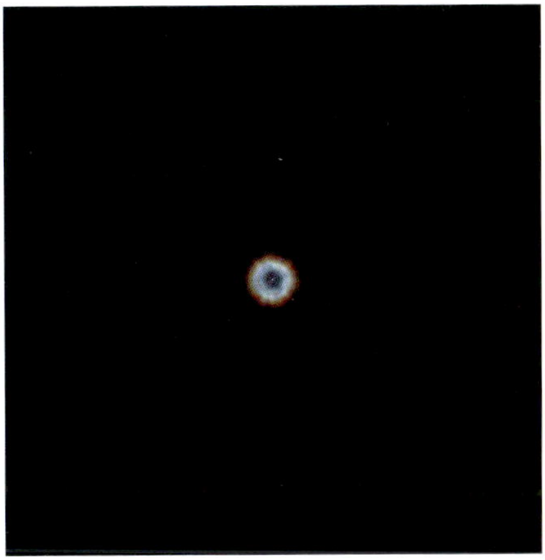

Ist das Fernrohr nicht richtig scharfgestellt, sieht ein Stern im Linsenteleskop wie ein rundes Scheibchen aus (links), im Spiegelteleskop erzeugt der Fangspiegel einen dunklen Fleck in der Mitte (rechts). Bei exakter Fokussierung werden beide zu feinen Pünktchen.

Vergrößern

Verschiedene Vergrößerungen erreicht man durch Wechseln der Okulare. Die jeweilige Vergrößerung kann man durch eine einfache Rechnung ermitteln:

Vergrößerung = Fernrohr-Brennweite / Okular-Brennweite

1. Man startet immer mit der kleinsten Vergrößerung, also der längsten Okularbrennweite, da diese das größte Gesichtsfeld und damit die größte Übersicht bietet.
2. Hat man ein Himmelsobjekt im Okular eingefangen, sollte man die Vergrößerung Schritt für Schritt steigern. Dazu stellt man das Objekt genau in die Mitte des Bildfeldes und wechselt das Okular. Anschließend muss neu scharfgestellt werden.
3. Bei jedem Objekt sollte man nach Möglichkeit alle Vergrößerungen durchprobieren. Lassen Sie sich mindestens fünf Minuten Zeit bei jeder Stufe. Ist das Bild zu unruhig oder wackelig, lieber wieder eine kleinere Vergrößerung verwenden.
4. Nicht nur die Luftunruhe steigert sich mit Vergrößerung, auch insge-

Verschiedene Vergrößerungen werden durch Auswechseln der Okulare erzielt. Dabei sollte man Schritt für Schritt von der größten zur kleinsten Brennweite vorgehen.

samt wird das Bild im Okular dunkler und unschärfer mit steigender Vergrößerung. Hohe Vergrößerungen über 100× kann man deshalb nur bei wenigen sehr hellen Objekten (Mond, Planeten) sinnvoll anwenden.

5. Bei Einsteigerteleskopen liegt die sinnvolle maximale Vergrößerung aufgrund der wackeligen Montierungen etwa beim Optikdurchmesser des Teleskops, also 60× für ein 60mm-Teleskop. Ohne die Probleme der Montierung lässt sich dieser Wert auf das Doppelte steigern, d.h. ein 60mm-Teleskop kommt auf 120×. Höhere Werte lassen sich zwar mit den mitgelieferten Okularen erreichen, sind aber sinnlos, weil das Bild nur noch dunkler und unruhiger wird. Man spricht hier von leerer Vergrößerung.

Nachführen

Nach einiger Zeit der Beobachtung wird man feststellen, dass das Objekt nicht mehr im Zentrum des Bildfeldes steht und schließlich ganz aus diesem herauswandert. Diese Bewegung ist umso deutlicher, je höher die Vergrößerung ist – bei über 100× dauert es weniger als eine Minute, bis ein Objekt das Bildfeld durchquert hat.

Diese Bewegung wird durch die Rotation der Erde verursacht. Demnach bewegen sich alle Himmelsobjekte in 23 Stunden und 56 Minuten einmal um den gesamten Himmel.

1. Um diese Bewegung zu kompensieren, muss das Teleskop mit der Montierung entgegen der Erdrotation bewegt werden.

   Bei azimutalen Montierungen muss man dazu beide Achsen bedienen: Das Zielobjekt ändert ständig sowohl seine Höhe über dem Horizont als auch die Himmelsrichtung (Azimut), in der es steht.

   Bei parallaktischen Montierungen muss man bei guter Einnordung nur noch die Rektaszensionsachse bewegen.
2. Manuell ist das Nachführen durch Anfassen und Bewegen des Teleskoprohrs nur bei kleinen Vergrößerungen möglich. Bei hohen Vergrößerungen besteht die Gefahr, dass das Objekt verloren geht. Insgesamt

erfordert das Nachführen sehr viel Übung und ist gerade in Verbindung mit einer wackeligen Montierung ein unendliches Geduldsspiel.

3. Sehr viel leichter tut man sich mit einer manuellen Feinbewegung, etwa mit einer biegsamen Welle. Damit muss die Klemmung der zu bewegenden Achse nicht gelöst und die Montierung und das Fernrohr insgesamt nicht angefasst werden – nur das Drehen des Wellenrades reicht. Feinbewegungen sind jedoch in der Regel nur an parallaktischen Montierungen vorgesehen.
4. Noch mehr Komfort bietet eine motorische Nachführung. Bei einigen parallaktischen Montierungen kann ein Motor für die Rektaszensionsachse nachgerüstet werden. Das Beobachtungsobjekt bleibt dann ganz automatisch im Gesichtsfeld, vorausgesetzt die Montierung ist gut eingenordet.

Beim Nachführen mit einer azimutalen Gabelmontierung müssen immer beide Achsen gleichzeitig bewegt werden. Bei der Höhenachse gibt es eine Feinbewegung, dazu muss die Klemmschraube leicht gelöst werden, um das Teleskop nach oben/unten bewegen zu können (links). Die Klemmschraube für die Azimutachse darf ebenfalls nur leicht angezogen sein, um das Teleskop nach rechts/links zu schwenken (rechts).

Fotografieren

Eigentlich sind die Einsteigerteleskope nicht für die Fotografie geeignet. Grund dafür sind vor allem die wackeligen Montierungen. Dennoch kann man probieren, mit dem Smartphone den Mond und die hellen Planeten aufzunehmen.

Wenig erfolgversprechend ist es, das Telefon frei Hand an das Okular zu halten. Es gibt spezielle Smartphone-Adapter, die sich an verschiedene Modelle anpassen lassen und für die meisten Okulare mit 31,8mm Steckdurchmesser passen.

Geeignetes Motiv ist vor allem der Mond. Schon die Planeten sind meistens

Smartphone-Adapter gibt es in verschiedenen Ausführungen.

Typische Schnappschüsse mit dem Handy durchs Teleskop vom Mond (links) und Jupiter (rechts).

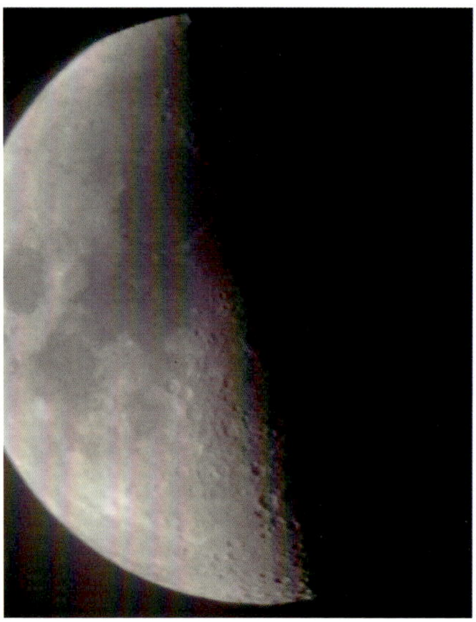

zu schwach. Bei den Aufnahmeversuchen wird man feststellen wie schnell die Objekte das Gesichtsfeld verlassen. Eine parallaktische Montierung, bei der nur eine Achse bewegt werden muss, sowie eine motorische Nachführung sind hier extrem hilfreich! Schritt für Schritt kann man eigene Fotos versuchen:

1. Himmelsobjekt in einem Okular mit großer bis mittlerer Brennweite einstellen und darauf achten, dass es in der Mitte des Gesichtsfeldes bleibt.
2. Den Smartphone-Adapter am Okular befestigen.
3. Das Smartphone mit dessen Kamera über dem Okular platzieren.
4. Mit dem Teleskop genau scharfstellen. Warten, bis das Bild im Okular nicht mehr nachschwingt.
5. Sicherstellen, dass der Autofokus der Kamera das Objekt und nicht das Okular scharfstellt.
6. Abdrücken, wenn möglich zeitverzögert, um Verwacklungen zu vermeiden.

Oft bekommt man ein zu helles Bild, da die meisten Handykameras nicht über eine Einstellung der Belichtungszeit oder Empfindlichkeit (ISO-Wert) verfügen. Hier kann der sonst nutzlose Mondfilter helfen um Überstrahlung zu vermeiden!

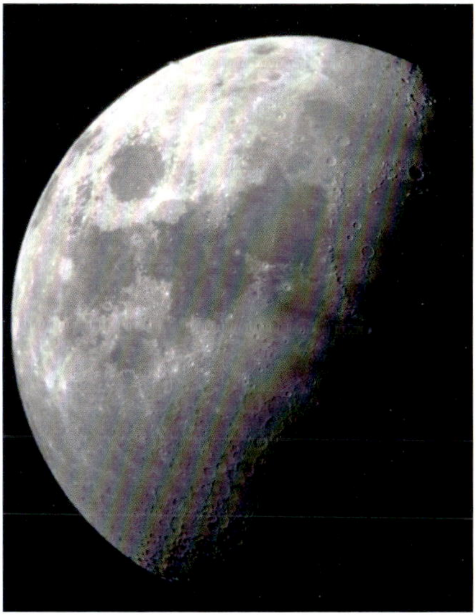

Mit Bildbearbeitung und der Kombination mehrerer Einzelaufnahmen gelingt es, bessere Ergebnisse zu erzielen.

Reinigen

Als Präzisionsinstrument sollte ein Fernrohr pfleglich behandelt werden. Dazu gehört:

- Niemals mit Fingern auf optische Flächen (Objektiv, Spiegel, Okularlinsen) fassen.
- Niemals mit einem trockenen Tuch optische Flächen reiben oder wischen.
- Das Fernrohr nach der Beobachtung nicht abdecken, solange Optikflächen beschlagen sind.
- Das Fernrohr und die Okulare vor Feuchtigkeit und Schmutz geschützt aufbewahren.
- Zur Aufbewahrung immer den Objektivdeckel und den Staubschutzdeckel am Okularauszug aufsetzen.
- Die Montierung immer ausbalanciert aufstellen.
- Schrauben nicht zu fest anziehen, Klemmschrauben bei der Lagerung lösen.

Eine Teleskopoptik muss nur selten gereinigt werden, einzelne Staubteilchen haben keinen Einfluss auf das Leistungsvermögen. Erst wenn sich ein Schmutzbelag auf Linse oder Spiegel gebildet hat, sollte man zur Tat schreiten. Das ist auch bei häufigem Beobachten nur alle zwei bis drei Jahre der Fall. Bei der Reinigung geht man folgendermaßen vor:

1. Beim Refraktor wird zunächst die Taukappe abmontiert. Einen Newton-Spiegel sollte man ganz aus dem Tubus und der Fassung ausbauen.
2. Grobe Staubpartikel und Fusseln werden mit einem feinen Pinsel oder Druckluft entfernt.
3. Unter fließendem Wasser wird feiner Schmutz entfernt (nur beim ausgebauten Spiegel möglich).
4. Ein fusselfreies Stofftuch wird in einer speziellen Reinigungsflüssigkeit, die man im Teleskophandel kaufen kann (Glasreiniger ohne Kalklöser oder Spiritus können auch verwendet werden) gut getränkt, ohne dass es tropft.
5. Zunächst wird die Optik mit dem feuchten Tuch nassgetupft und vorsichtig sauber gewischt.
6. Dann wird die Optik mit einem in destilliertem Wasser getränkten zweiten Tuch nachgesäubert. Leitungswasser sollte man vor allem bei höheren Härtegraden nicht verwenden, weil sich so Kalkflecken bilden können.
7. Zuletzt wird die Optik mit einem sauberen trockenen Tuch vorsichtig trokken getupft. Dabei kann man auch einen Haartrockner zu Hilfe nehmen. Wasserflecken sehen zwar nicht schön aus, stören aber nicht.

Okulare kann man leicht genau so reinigen, wenn man Wattestäbchen zu Hilfe nimmt; dabei entfällt Schritt 3. Okulare bei der Reinigung nie auseinanderschrauben!

Mond

Ein Blick auf eine außerirdische Landschaft mit Kratern und Gebirgen: Der Mond ist das mit Abstand beeindruckendste Ziel für Fernrohrbeobachter. Jeden Abend gibt es ein anderes Bild – nach etwa einem Monat wiederholt sich die Abfolge. Der Mond ist ideal als allererstes Objekt für das Teleskop geeignet. Beginnen sollte man zunächst mit einer möglichst kleinen Vergrößerung, also das Okular mit der längsten Brennweite einstecken. Damit kann man die ganze Mondscheibe auf einmal überblicken, und das Zittern der Montierung wirkt sich nicht so stark aus. Wichtig ist, genau scharfzustellen. Mit 30- bis 50-facher Vergrößerung zeigt sich das imposante Bild der Mondberge und -täler. Möchte man einzelne Gegenden genauer ansehen, sollte man Schritt für Schritt höher vergrößern. Nicht zu empfehlen ist, direkt zur höchsten möglichen Vergrößerung zu wechseln. Bei etwa 80-facher Vergrößerung verliert man den ganzen Mond aus dem Gesichtsfeld, das Scharfstellen wird schwieriger, und man erkennt eventuell, dass das gesamte Bild leicht zittert oder »wabert«. Dies wird durch die Luft der Erdatmosphäre versursacht. Ist dieses

Der Mond im Fernrohr bei 50x.

Bei Vollond ist die gesamte Mondscheibe beleuchtet. Mit den Schatten ist aber auch das Relief verschwunden.

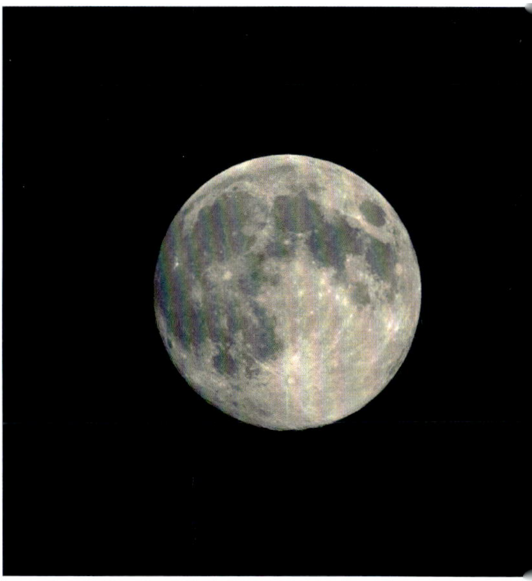

Zittern kaum zu merken, kann man versuchen, die Vergrößerung weiter zu steigern. Beim 60mm-Refraktor und beim 76mm-Spiegelteleskop wird kaum mehr möglich sein, mit größeren Fernrohren kann man 120× oder mehr versuchen. Mit steigender Vergrößerung wird jedoch das Bild immer flauer, das Scharfstellen schwieriger und das Wackeln des Teleskops spürbarer.

Faszinierende Mondlandschaften aus der Astronautenperspektive. So sieht der Mond bei etwa 100× und ruhiger Luft aus.

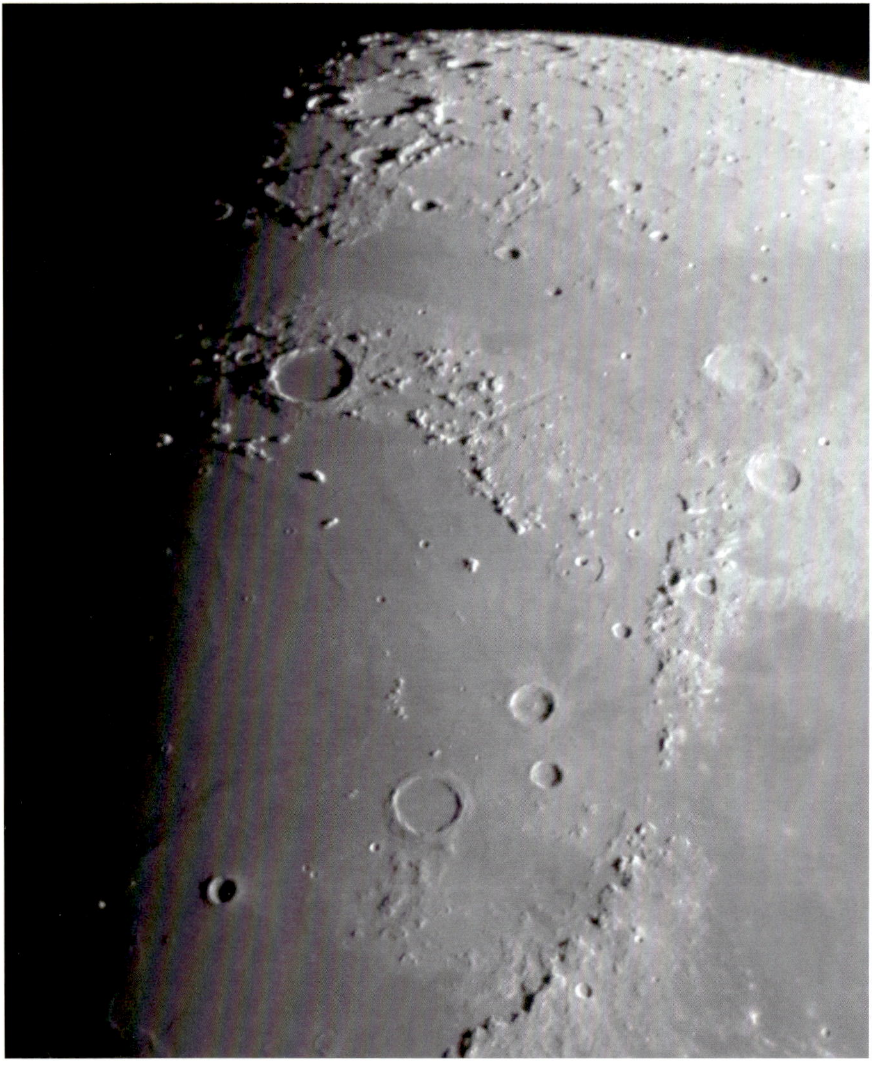

Was man auf dem Mond sehen kann, hängt stark von seiner aktuellen Phase ab: Zu Neumond steht der Erdtrabant in Sonnennähe am Taghimmel und ist unbeobachtbar. Einige Tage danach ist die schmale Sichel des zunehmenden Mondes am Abendhimmel im Westen sichtbar. Auffallend ist das dunkle runde Mare Crisium etwa in der Mitte der Sichel. Die dunkle Mondseite ist vom matt bläulichen Widerschein der Erde beleuchtet, was man am besten bei kleinen Vergrößerungen sieht.

Zu Halbmond ist die beste Gelegenheit zur Mondbeobachtung, da die Schattengrenze mitten über die Mondkugel läuft. Die dunklen Ebenen sind jetzt gut zu sehen, dazu viele größere und kleinere Krater. Einige besitzen in der Mitte sogenannte Zentralberge. Jeden Abend wird ein neues Stück des Mondes sichtbar, und die Beleuchtungsverhältnisse ändern sich. Bei Vollmond ist der Mond ein wenig dankbares Beobachtungsobjekt, weil keine Schatten mehr sichtbar sind und alle Gebirge und Krater verschwinden. Dafür ist jetzt der Strahlenkranz des Tycho auf der Südhalbkugel zu sehen; hier sieht man das Auswurfmaterial dieses relativ jungen Einschlages über den halben Mond verstreut.

Ein Mondfilter ist nur bei Vollmond sinnvoll. Meistens ist die Qualität dieser Filter so schlecht, dass man sie weglassen sollte, vor allem bei höheren Vergrößerungen.

Hintergrund

Der Mond ist der nächste Himmelskörper für uns Erdenbewohner und etwa ein Viertel so groß wie unser Planet. Er umkreist die Erde einmal in 27,32 Tagen und dreht sich in exakt derselben Zeit auch einmal um seine Achse, so dass wir immer nur eine Seite des Mondes sehen. Die Rückseite des Mondes wurde erst 1957 von Raumsonden zum ersten Mal fotografiert. Der Mond besitzt keine Atmosphäre, die großen Oberflächen-Formungsprozesse sind seit vielen Millionen Jahren abgeschlossen. Das kennzeichnende Merkmal für den Mond sind Einschlagskrater von Meteoriten, die wegen der sehr langsamen Erosion auch nach langer Zeit gut erhalten sind. Daneben gibt es große Lavaebenen in den tieferen Bereichen, »Mare« (Meer) genannt, und stark verkraterte höher gelegene Gebiete, die als »Terra« (Land) bezeichnet werden. Die Mondkrater tragen Namen berühmter Astronomen und anderer Forscher, während die Mare nach Eigenschaften der menschlichen Seele benannt sind. Schließlich sind die großen Gebirgszüge nach irdischen Gebirgen benannt.

Venus

Die Venus ist nach dem Mond der hellste Himmelskörper am Nachthimmel. Unser Nachbarplanet erscheint im Abstand von etwa eineinhalb Jahren für jeweils einige Monate als strahlend heller Abend- oder Morgenstern.

Im Fernrohr funkelt die Venus ganz besonders. Um sie schnell mit dem Teleskop zu finden, sollte man mit der niedrigsten Vergrößerung beginnen. Die Venus erscheint im Okular viel kleiner als der Mond und hat nur 1/180 bis 1/30 seines scheinbaren Durchmessers. Man muss also genau »treffen« beim Aufsuchen.

Venus im Fernrohr bei 80x.

Die Venus ändert ihre Größe und auch ihre Gestalt, je nachdem, wie weit weg und in welcher Position sie zur Erde steht: Weit entfernt von der Erde ist sie sehr klein und rund, sehr nahe an der Erde sieht sie aus wie eine Sichel und ist bis zu fünf Mal so groß. Es ist spannend, diese Veränderung der Phasengestalt im Teleskop zu verfolgen.

Venus ist sehr hell, deshalb ist zur Beobachtung ein Filter nützlich. Man kann dazu den sonst nutzlosen »Mondfilter« verwenden, der in das Gewinde in der Innenseite des Okulars geschraubt wird. Eine bessere Methode, die Überstrahlung des hellen Planeten zu vermeiden, ist die möglichst frühzeitige Beobachtung schon während der Dämmerung: Venus erscheint als erster »Stern« am Abendhimmel bzw. bleibt am Morgenhimmel am längsten sichtbar.

Um die Phase zu erkennen, reicht eine Vergrößerung von 30× aus. Bei 60× sieht man meistens schon die starke Luftbewegung und kann kaum mehr Einzelheiten erkennen. Auch hier empfiehlt sich die Dämmerungsbeobachtung, da der Planet dann noch höher über dem Horizont steht und die Luftunruhe nicht so sehr stört. Je tiefer die Venus am Horizont steht, desto schlechter wird sie zu beobachten sein.

ZIELE

Hintergrund

Die Venus ist der innere Nachbarplanet der Erde und etwas kleiner als unser Planet. Sie ist von einer dichten Wolkendecke umgeben, die jeden Blick auf ihre feste Oberfläche verhindert. Erst Raumsonden, die auf dem Planeten gelandet sind, zeigten uns Bilder einer toten heißen Welt in einer Schwefelsäure-Atmosphäre. Da Venus sich innerhalb der Erdbahn bewegt, können wir sie nie der Sonne gegenüber am Nachthimmel sehen, sondern immer nur in deren Nähe am Abend- oder Morgenhimmel. Venus wird deshalb auch als Abend- oder Morgenstern bezeichnet.

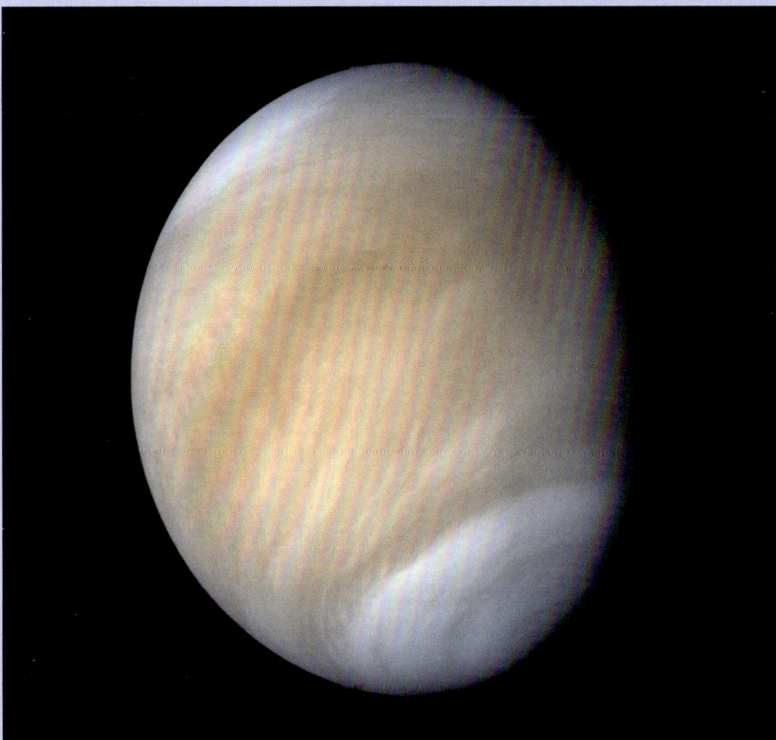

Unser höllischer innerer Schwesterplanet aus der Raumsondenperspektive. Dichte Wolken verhindern jeden Blick auf die Oberfläche.

Mars

Der Rote Planet fasziniert die Menschen besonders – so erwarten viele frischgebackene Teleskopbesitzer ein besonderes Erlebnis, wenn sie Mars im Teleskop einstellen. Leider ist die Enttäuschung oft unvermeidlich, denn Mars ist wesentlich schwieriger zu beobachten als Venus, Jupiter und Saturn.

Schuld daran ist seine geringe Größe. Weil Mars nur halb so groß wie die Erde ist, aber im günstigsten Fall doppelt so weit entfernt von uns wie die Venus, erscheint er im Fernrohr sehr klein: nur ein Hunderstel so groß wie der Mond! Man muss also hoch vergrößern und braucht ruhige Luft, um etwas auf dem Mars erkennen zu können.

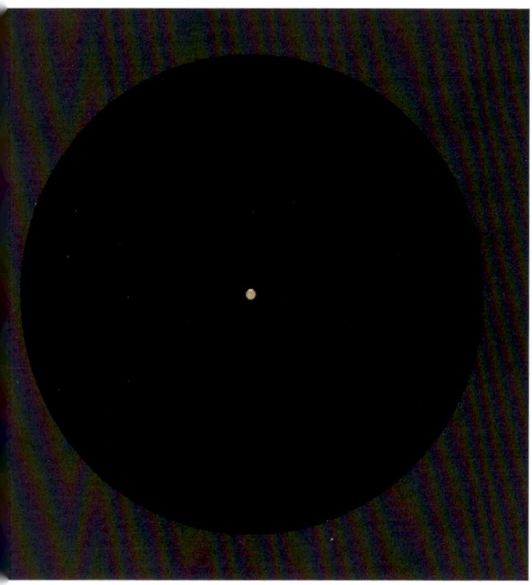

Mars im Fernrohr bei 80×.

Beginnen sollte man wieder mit der kleinsten Vergrößerung. Etwa ab 30× sollte man erkennen können, dass der leuchtend orange »Stern« als kleine Fläche erscheint. Um weitere Einzelheiten zu sehen, benötigt man mindestens 100× – viele Einsteigerteleskope sind damit schon überfordert. Mit sehr viel Mühe – und auch nur, wenn uns aufgrund der Rotation des Planeten die »richtige« Planetenseite zugewandt ist – sind dann dunkle Flecke auf dem rötlichen Scheibchen zu erkennen. Dabei handelt es sich um die Färbung des Marsbodens – die Krater und Gebirge auf dem Roten Planeten sind von der Erde aus nicht zu sehen.

Ein spannendes Detail, aber nur in der entsprechenden Mars-Jahreszeit zu sehen, sind die Polkappen des Planeten. Im Mars-Frühling wird das helle Wasser- und Kohlendioxideis freigelegt und kann dann als weißer kleiner Klecks im Okular erkannt werden.

Hilfreich bei der Beobachtung, aber kein Muss, ist ein Orange-Filter. Wer einen solchen ins Okular schraubt, gewinnt etwas Kontrast gegenüber dem Anblick ohne Filter.

ZIELE

Hintergrund

Mars ist der äußere Nachbarplanet der Erde. Er ist etwa halb so groß wie unser Planet und war lange Zeit das erste Ziel für das Studium einer anderen Welt. Moderne Sonden, die auf dem Planeten gelandet sind, haben uns einen rötlichen Wüstenplanet gezeigt. Die charakteristische Farbe rührt von Eisenoxidverbindungen (Rost) seines Bodens her. Der Planet mit seiner roten Farbe ist seit alters her in vielen Kulturen das Symbol für Krieg und Verwüstung; er trägt wie die anderen Planeten den Namen des entsprechenden römischen Gottes. Er erreicht die günstigste Beobachtungsstellung alle 2,1 Jahre, wenn der Planet gegenüber der (also in Opposition zur) Sonne steht und die ganze Nacht über beobachtet werden kann.

Der Rote Planet. Die rote Farbe ist auf Eisenoxid (Rost) der oberen Bodenbeschichtung zurückzuführen. Die Polkappen aus Eis schmelzen jährlich nahezu komplett ab.

Jupiter

Jupiter ist der am leichtesten zu beobachtende Planet. Begeisternd sind die vier Monde, die als kleine »Sternchen« wie auf einer Linie neben dem Planeten stehen. Nicht immer sind alle vier zu sehen, manchmal verbirgt sich auch einer der Monde hinter Jupiter oder wird durch seinen Schatten verfinstert. Jeden Abend wechselt dieser Anblick. Wenn man aufpasst, kann man die Bewegung schon nach einigen Stunden nachvollziehen – mit dieser Beobachtung hebelte Galileo Galilei vor 400 Jahren das damalige Weltbild aus den Angeln!

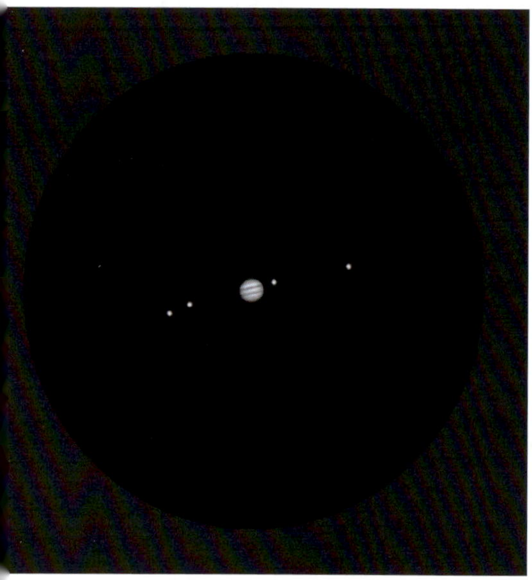

Jupiter im Fernrohr bei 80×.

Der Planet selbst erscheint im Okular so groß wie die Venus im günstigsten Fall, also etwa 1/40 des scheinbaren Monddurchmessers. Beginnt man mit der kleinsten Vergrößerung, erhält man den besten Überblick über die Monde. Ab etwa 30× kann man auf dem Planeten zwei dunkle Streifen erkennen: Bänder dunkler Wolken in der Planetenatmosphäre. Bei 50× sind diese deutlicher zu sehen.

Wenn man sehr geduldig ist und 100× oder mehr vergrößern kann, sieht man Unregelmäßigkeiten in den Bändern. Sie scheinen auf dem Planeten zu wandern – das bewirkt die Rotation Jupiters von knapp 10 Stunden. Der Große Rote Fleck ist mit Einsteigerteleskopen nur sehr schwer zu beobachten. Er ist auf der südlichen, also zum Horizont hin gerichteten Seite des südlichen Wolkenbandes eingebettet. Um ihn zu sehen, braucht man viel Geduld und Beobachtungserfahrung.

Besonders spektakulär sind auch Sonnenfinsternisse der Jupitermonde zu beobachten. Man sieht dann einen kleinen schwarzen Punkt innerhalb einiger Stunden über den Planeten wandern – der Schatten des Mondes. Dafür benötigt man aber mehr als 100-fache Vergrößerung und sehr ruhige Luft!

Hintergrund

Jupiter ist der größte Planet des Sonnensystems, die Erdkugel würde 11× in seinen Durchmesser passen. Wie die anderen Riesenplaneten Saturn, Uranus und Neptun besitzt auch er keine feste Oberfläche, sondern ein tief reichendes Wolkensystem, dessen oberste Bereiche wir beobachten können. Berühmt ist der Große Rote Fleck, ein Wirbelsturm, der seit mehr als 150 Jahren beobachtet wird. Etwa alle dreizehn Monate steht Jupiter am Nachthimmel der Sonne gegenüber und ist dann nach Mond und Venus das hellste Gestirn. Mehr als 60 Monde umkreisen den Riesenplaneten, die vier größten sah bereits Galileo Galilei. Sie heißen Io, Europa, Ganymed und Kallisto (von innen nach außen).

Jupiter ist riesig im Vergleich zur Erde. Seine Oberfläche ist von komplexen Wolkensystemen wie dem Großen Roten Fleck (in der Mitte) geprägt.

Saturn

Der Ringplanet ist das vielleicht spektakulärste Beobachtungsobjekt. Wie Jupiter ist er jedes Jahr für einige Monate zu sehen. Leider steht er doppelt so weit entfernt von uns wie Jupiter, so dass er im Teleskop nicht sehr groß erscheint – mit Ring etwa vergleichbar mit Jupiters scheinbarer Größe.

Bei 30-facher Vergrößerung sieht man eine eigenartige ovale Form. Bei 50× wird der Ring, der etwa genauso hell ist wie der Planet selbst, deutlich sichtbar. Ab 80× kann man mit etwas Übung sehen, wie er beeindruckend dreidimensional den Planeten umrundet – unvergleichlich! Dabei machen Schatteneffekte die Szenerie besonders plastisch.

Der Ring selbst ist nicht immer in derselben Stellung zu sehen. Mal steht er genau auf der Kante – dann wirkt er wie ein heller Strich zu beiden Seiten des Planeten. Wenn er maximal geöffnet ist, wirkt er dagegen besonders plastisch.

Nur mit einer guten Einsteigeroptik und 100× ist zu erkennen, dass der Ring aus einem dunkleren äußeren Bereich (Ring A) und einem helleren inneren Bereich (Ring B) zusammengesetzt ist. Mit viel Geduld sieht man die dunkle Trennlinie zwischen beiden Ringen, die Cassini-Teilung.

Auf dem Planeten selbst ist kaum etwas zu sehen außer einem blassen Wolkenband, das je nach Stellung des Planeten mehr oder weniger gekrümmt ist. Dazu benötigt man mindestens 80×. Mit 30× ist dagegen schon der Mond Titan zu sehen, der sich auf einer elliptischen Bahn um den Planeten bewegt. Um den deutlich schwächeren Mond Rhea zu sehen, muss man genau wissen, wo er steht und mindestens 50× vergrößern.

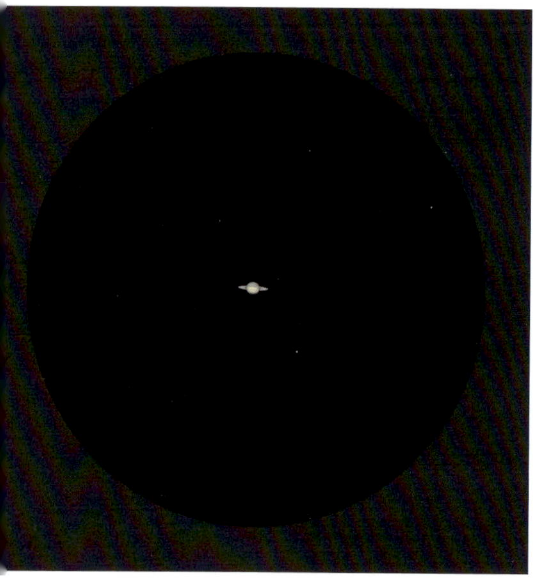

Saturn im Fernrohr bei 80×.

Hintergrund

Saturn ist der zweitgrößte Planet, aber etwa doppelt so weit von der Sonne entfernt wie Jupiter. Das Licht benötigt bereits etwa eine Stunde, um uns zu erreichen. Wie bei Jupiter gibt es keine feste Oberfläche, es handelt sich um einen riesigen Gasball. Saturn ist in der Äquatorebene von einem Ring umgeben, der 300.000km groß, aber nur 20km dick ist. In Wahrheit handelt es sich nicht um ein zusammenhängendes Gebilde, sondern um unzählige Eisbrocken. Durch die Neigung der Saturnachse ändert sich der Anblick der Ringe von der Erde aus; derzeit sehen wir auf die Nordseite der Ringe. Auch der Saturn hat sehr viele Monde, mehr als 50 sind zurzeit bekannt.

Der Saturnring ist der vielleicht spektakulärste Anblick im Sonnensystem.

Sonne

Auf den ersten Blick mag es außergewöhnlich erscheinen, dass astronomische Beobachtung auch am Tag möglich ist. Auf den zweiten Blick wird jedoch klar: Kein anderer Stern kann aus derart großer Nähe betrachtet werden wie die Sonne!

Obwohl sie 150 Millionen Kilometer entfernt ist, erscheint sie aufgrund ihrer enormen Größe aus unserem Blickwinkel genau so groß wie der Mond. Es reichen daher schon kleine Teleskopvergrößerungen aus, um Details auf der Sonne zu sehen.

In jedem Fall elementar ist ein sicherer Sonnenfilter, der sicher vor dem Objektiv des Teleskops angebracht wird. Bei einem ungeschützten Blick in die Sonne riskiert man das Augenlicht!

Zunächst erscheint die Sonnenscheibe strukturlos glatt, nur zum Rand wird sie etwas dunkler. Fast immer aber sind dunkle Flecken auf der Sonne zu sehen, die sich oft in Gruppen zeigen. Der Clou: Diese Flecken sind dynamische Erscheinungen. Sie entstehen, verändern sich von Tag zu Tag und vergehen wieder. Niemand kann exakt voraussagen, wie die Sonne morgen aussehen wird, jeden Tag ergibt sich ein neues Bild. Die Sonnenbeobachtung gehört deshalb zu den spannendsten Dingen, die man mit einem kleinen Einsteigerteleskop anstellen kann.

Hintergrund

Die Sonne ist ein Stern. Er bildet den Hauptkörper unseres Planetensystems, das deshalb auch Sonnensystem heißt. 330 000 Erdmassen ist die Sonne schwer, ihr Durchmesser entspricht 110 Erddurchmessern. Das kennzeichnende Merkmal der Stern-Natur der Sonne ist die eigene Energieproduktion durch Kernfusion im Zentrum. Dabei werden Wasserstoffatome zu Heliumkernen verschmolzen, wobei Energie frei wird. Die Sonne ist ein recht durchschnittlicher Stern, was Größe, Masse und Leuchtkraft betrifft. Sie strahlt bereits 5 Milliarden Jahre, und etwa ebenso lang wird ihr Energievorrat noch ausreichen.

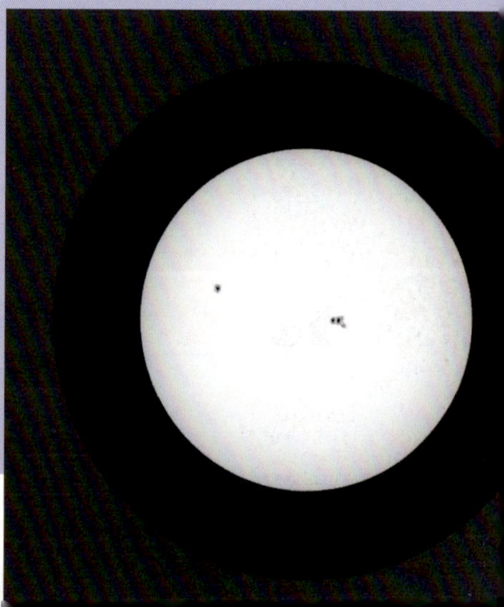

Die Sonne im Fernrohr bei 50×. ▶
Sonnenflecken sind in Gruppen angeordnet. Nur alle elf Jahre treten sie derart häufig auf. ▶▶

ZIELE

WARNUNG

Nie mit dem Fernrohr ohne sicheren Schutz die Sonne beobachten! Verwenden Sie ausschließlich zertifizierte Objektiv-Sonnenfilter. Beachten Sie unbedingt die sechs Sicherheitsregeln zur Sonnenbeobachtung:

1. Filter vor jeder Benutzung prüfen
2. Sucherfernrohr abdecken
3. Sicherstellen, dass der Filter fest am Teleskop angebracht ist
4. Teleskop am eigenen Schatten ausrichten, nicht in die Sonne peilen
5. Vor dem Entfernen des Filters das Teleskop aus der Sonne drehen
6. Das Teleskop nie unbeaufsichtigt lassen, insbesondere gegenüber Kindern

Die Sonne ist einem Aktivitätszyklus unterworfen – nach diesem Zyklus verändert sich die Anzahl und Intensität von bestimmten Erscheinungen der Sonne. Dieser Aktivitätswechsel wird durch das Magnetfeld der Sonne bestimmt, das ca. alle 11 Jahre seine Polarität umkehrt. Dadurch variiert das Auftreten von Sonnenflecken, Sonnenfackeln, Gasausbrüchen – sogenannten Protuberanzen – und, damit zusammenhängend, Polarlichterscheinungen auf der Erde mit einer Periode von etwa 11 Jahren. Die dunklen Sonnenflecken sind um etwa 1000°C kühlere Stellen auf der Sonnenoberfläche, die auch als Photosphäre bezeichnet wird. Hier treten Magnetfeldlinien dicht gebündelt aus. Sonnenflecken verändern sich stündlich und existieren von einigen Stunden bis zu mehreren Monaten. Die Sonnenflecken treten gehäuft in Gruppen auf. Oft wird eine Gruppe von einem großen Fleck dominiert, oder zwei größere Flecken stehen jeweils am Rand der gemeinsamen Gruppe.

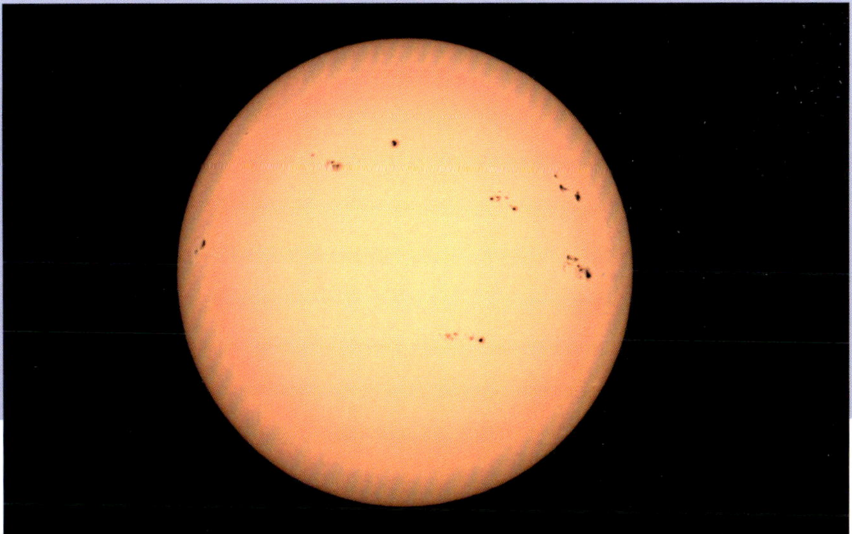

Reiterlein

Der Stern am Knick der Deichsel des Großen Wagens ist ein beliebter Schärfeprüfer für das bloße Auge. Ist der Himmel dunkel, sieht man, dass dicht über dem hellen Stern noch ein schwächerer sitzt, das »Reiterlein«.

Im Fernrohr lässt sich der helle Stern aber noch zusätzlich in zwei dicht beieinander stehende Sterne trennen. Mit 30-facher Vergrößerung ist bei genauem Hinsehen die Trennung in zwei weiße, dicht zusammenstehende Punkte schon zu erkennen. Auch das Reiterlein steht dann noch mit im Gesichtsfeld.

Mit dem Steigern der Vergrößerung wird die Trennung der beiden Sterne deutlicher. Am besten geeignet ist eine mittlere Vergrößerung, weil dann nicht nur das helle enge Paar bequem getrennt wird, sondern auch das Reiterlein noch mit im Feld steht.

Das Reiterlein im Fernrohr bei 30×.

ZIELE

Hintergrund

Sterne sind Sonnen. Allein in unserer Milchstraße gibt es 100 Milliarden davon, die Anzahl im ganzen Universum ist unvorstellbar groß. Sterne sind Kernfusionsreaktoren. Durch Umwandlung von Wasserstoff in Helium und schwerere Elemente wird Energie erzeugt, die als Strahlung abgegeben wird.

Sterne entwickeln sich, sie werden geboren, altern und sterben. Viele Sterne entstehen gemeinsam als Paar. Dabei bildet sich ein Doppelsternsystem, bei dem die beiden Sterne sich gegenseitig umkreisen. Bei einigen wenigen Doppelsternen ist dieser Umlauf so schnell, dass man ihn am Teleskop in einem Menschenleben nachvollziehen kann. Die meisten Doppelsterne benötigen aber mehrere hundert Jahre für einen Umlauf.

Doppelsterne lassen sehr gut die unterschiedlichen Sternfarben beobachten, denn nicht alle Sterne sind gleich. Es gibt Sterne mit großer Masse, die sehr schnell brennen und kurz leben. Es gibt aber weitaus mehr Sterne mit kleinerer Masse, die mehrere Milliarden Jahre benötigen, ihren gesamten Materievorrat zu verbrennen. Auch die Energie der abgegebenen Strahlung ist nicht gleich. Sehr heiße Sterne (Oberflächentemperatur 50.000°C) geben viel Energie ab und strahlen blau. Kühlere Sterne (Oberflächentemperatur 1500°C) strahlen dagegen rotes Licht aus.

Einer der bekanntesten Doppelsterne ist das Reiterlein im Großen Wagen. Dieses bekannte Sternmuster ist allerdings nur ein Teil des Sternbilds Große Bärin.

ZIELE

Plejaden

Die Plejaden sind seit Urzeiten das Thema der Sagen und Mythen der Völker der Erde. Im deutschen Sprachraum werden sie auch »Siebengestirn« genannt. Letzteres ist eine Reflexion des antiken Glaubens, mit den Plejaden seien die sieben Töchter des Atlas an den Himmel versetzt. Die hellsten Sterne des Haufens sind heute noch nach ihnen benannt: Pleione, Alkyone, Merope, Elektra, Taygaeta, Maia und Celaeno.

Durch den großen Durchmesser am Himmel ist der Sternhaufen auch bei geringster Vergrößerung oft nicht mehr mit ausreichend dunkler Umgebung ins Okular zu bringen. Am besten geeignet ist deshalb die kleinste mögliche Vergrößerung.

Überwältigend ist der Eindruck der glitzernden hellen Sterne. Sie sind in einem unverkennbaren Muster angeordnet, das etwas an den Großen Wagen erinnert. Eine schöne Sternkette windet sich aus dem Haufen heraus.

Bei höherer Vergrößerung verschwindet leider der imposante Gesamteindruck. Dafür sind jetzt Einzelheiten besser zu sehen, wie eine kleine Dreiergruppe, die direkt neben dem hellsten Stern Alkyone zu finden ist.

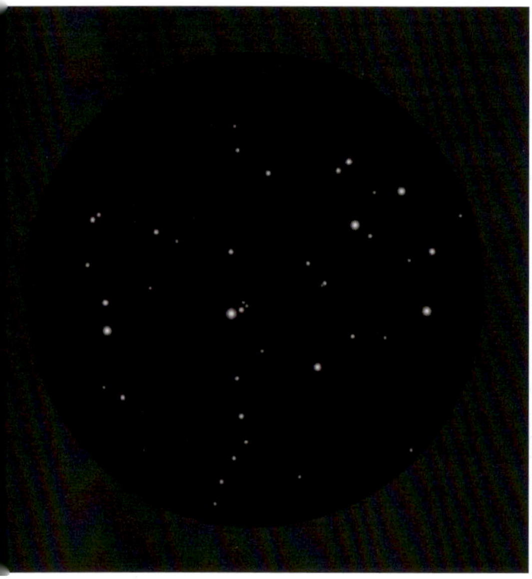

Die Plejaden im Fernrohr bei 30x.

ZIELE

Hintergrund

Die Plejaden sind das klassische Beispiel eines Offenen Sternhaufens. Die gemeinsam entstandenen Sterne sind durch gegenseitige Schwerkraft gebunden und bewegen sich auch zusammen. Es handelt sich um leuchtkräftige blau-weiße Riesensterne mit bis zu 1000-facher Sonnenleuchtkraft und zehnfachem Sonnendurchmesser.

Offene Sternhaufen bestehen aus einem Dutzend bis mehreren Tausend Sternen. Diese Sterne sind aus einer Materiewolke gemeinsam entstanden. Bei älteren Sternhaufen ist der Nebel verflogen, und auch die blauen Sterne sind bereits verloschen. Dafür haben sich einige rote Riesensterne entwickelt, die nun das Bild dominieren. Sehr alte Sternhaufen bestehen nur noch aus rötlichen kleinen Sternen, alle massereicheren Sterne sind schon längst verglüht. Allerdings erreicht kaum ein Offener Sternhaufen auch ein hohes Alter, da Schwerkräfte der Mitglieder einen Haufen bereits wenige Millionen Jahre nach seiner Entstehung auseinandertreiben. Schließlich ist nur noch ein loser Rest vorhanden. Die meisten Sternhaufen stehen innerhalb des Milchstraßenbandes, hier sind einige hundert Beispiele schon mit kleinen Teleskopen zu sehen. Während man bei den hellsten Haufen schon die Mitgliedssterne mit bloßem Auge sehen kann, muss man bei anderen für die Auflösung in Einzelsterne ein Teleskop benutzen.

Das Siebengestirn oder die Plejaden sind der archetypische Sternhaufen, eine Gruppe von gemeinsam entstandenen Sternen. Sie sind das Wahrzeichen jeder klaren Herbstnacht.

ZIELE

Orionnebel

Für viele ist der Orionnebel das schönste Nebelobjekt am Himmel. Bei kleiner Vergrößerung füllt er das halbe Gesichtsfeld aus. Es fällt auf, dass aus einem hellen Zentralbereich zwei geschwungene Nebelfilamente »ausströmen«. Der Raum zwischen ihnen ist von schwächerem Nebel ausgefüllt.
Obwohl der Nebel bei geringster Vergrößerung am hellsten ist, offenbart erst eine Steigerung der Vergrößerung die Details der Zentralregion. Bei mittlerer Vergrößerung zeigt sich eine dunkle Nebelbucht, die direkt auf den hellsten Bereich weist – das sogenannte Fisch- oder Löwenmaul oder die »Große Bucht«.

Mitten im hellsten Bereich fällt eine engstehende Gruppe von vier Sternen auf, das berühmte Trapez. Um die vier Sterne klar zu trennen, sollte man mindestens 50× vergrößern. Mit etwas Geduld sind im Nebel zahlreiche Strukturen mit schwächerem Kontrast auszumachen, deren Zusammenspiel erst die Schönheit des Nebels erzeugt. Wenn es die Montierung zulässt, sind noch Vergrößerungen bis 100× sinnvoll.

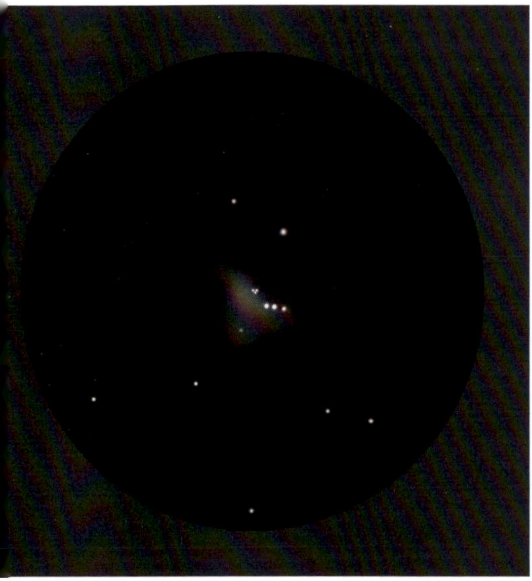

Der Orionnebel im Fernrohr bei 50×.

Hintergrund

Der Orionnebel ist das schönste Beispiel am Himmel für ein Gebiet, in dem aktuell – sozusagen unter den Augen des Beobachters – Sterne geboren werden. Es handelt sich um einen Nebel, in dem Wasserstoffgas von sehr heißen Sternen zum Leuchten angeregt wird. In den größeren Nebeln entstehen aus dem Gas gerade neue Sterne.
Auf Fotos erscheinen besonders die Gasnebel in prachtvollen Farben, im Teleskop dagegen ist nur ein Schwarz-Weiß-Sehen möglich. Es gibt nur sehr wenige helle Nebel, die meisten Objekte sind ziemlich schwach und sehr schwierige Beobachtungsziele. Besonders die großflächigen Nebel sind am besten bei kleinen Vergrößerungen zu sehen. Sehr wichtig ist ein dunkler Standort ohne Lichtverschmutzung und ohne Mondlicht.

Im unteren Teil des Sternbilds Orion, im »Schwertgehänge« des Himmelsjägers, liegt der Orionnebel – hier erkennbar an der roten Farbe.

Ringnebel

Der Ringnebel ist ein relativ kleines Objekt. Er steht zwischen zwei hellen Sternen des Sternbilds Leier und ist deshalb gut zu finden. Bei Vergrößerungen von unter 50× muss man aber aufpassen, das Nebelscheibchen nicht für einen Stern zu halten. Zur Beobachtung sind 80× bis 120× ideal.

In kleinen Fernrohren sieht man eine schwache Nebelscheibe; mit etwas Übung kommt auch schon mit 50- oder 60mm-Teleskopen der berühmte Rauchring zum Vorschein. Wenn man genau beobachtet und bei guten Sichtbedingungen noch etwas höher vergrößert, erkennt man dessen leicht ovale Form.

Das dunklere Zentrum erscheint nicht ganz schwarz, sondern von einem ganz schwachen Nebelhauch überzogen. Der Zentralstern bleibt leider den meisten Fernrohrbesitzern verborgen, denn er ist ein sehr schwieriges Beobachtungsobjekt und erfordert etwa 400mm Teleskopöffnung.

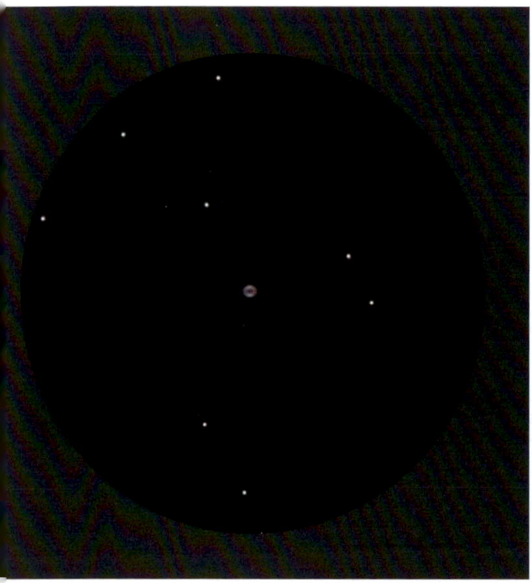

Der Ringnebel im Fernrohr bei 80×.

ZIELE

Hintergrund

Der Ringnebel ist ein sogenannter Planetarischer Nebel. Planetarische Nebel sind Überreste eines sterbenden Sterns. Gegen Ende seines Lebens werden Sterne instabil, weil der Materievorrat für die Kernfusion zur Neige geht. Der Strahlungsdruck kann das Gewicht des Sterns nicht mehr kompensieren, und der Stern beginnt zu pulsieren und schubweise seine Hülle abzustoßen.

Übrig bleibt nur ein sehr heißer Rest im Inneren eines Nebels. Dieser sogenannte Zentralstern ist für das Leuchten des Nebels verantwortlich. Die ehemalige Hüllenmaterie dehnt sich im Laufe der Zeit immer weiter aus und ist nach einigen tausend Jahren ganz verschwunden. Planetarische Nebel sind also relativ kurzlebige Erscheinungen.

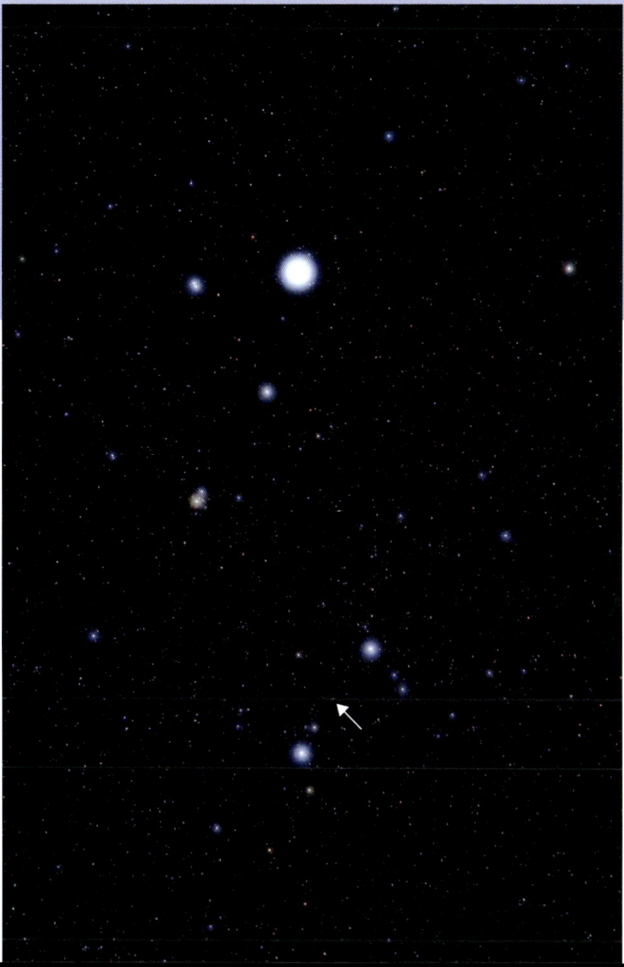

Das Sternbild Leier ist durch das trapezartige Muster unterhalb des Hauptsterns Wega leicht zu identifizieren. Zwischen den unteren beiden Sternen des Trapezes steht der Ringnebel.

Herkuleshaufen

Der Herkuleshaufen (Katalogbezeichnung M 13) ist der schönste und von uns aus am leichtesten zu sehende Kugelsternhaufen. Er steht im Sternbild Herkules an der rechten Seite des zentralen Sterntrapezes.

In einem kleinen Teleskop und generell bei kleiner Vergrößerung erkennt man aber nur ein nebliges Objekt, das rund aussieht und zur Mitte heller wird, denn die vielen Einzelsterne verschwimmen aufgrund der großen Entfernung zu einem Nebelobjekt.

Erst ab etwa 80mm bis 100mm Öffnung des Teleskops sind die hellsten Einzelsterne zu erkennen. Dazu benötigt man eine Vergrößerung von mindestens 70× und ruhige Luft. Mit dem 114mm-Newton gelingt das in mondlosen Nächten und weitab von städtischem Streulicht gut. In der Stadt dagegen wird man enttäuscht sein vom Anblick.

Der Herkuleshaufen im Fernrohr bei 50×.

Hintergrund

Die Kugelsternhaufen gehören ebenso wie die bisher beschriebenen Objekte zu unserer eigenen Heimatgalaxie, der Milchstraße. Gegenüber Sternhaufen und Nebeln, die nur in der flachen sternreichen Scheibe der Milchstraße zu finden sind, sind die Kugelsternhaufen in einem kugelförmigen Raum um die Scheibe herum angeordnet. Dabei umkreisen sie wie alle Objekte der Milchstraße deren Zentrum.
Die Kugelsternhaufen haben mit einigen zehntausend bis Millionen von Sternen wesentlich mehr Sterne als die Offenen Sternhaufen. Da ihre Sterne in kugelförmiger Anordnung stehen (daher der Name), halten die Einzelmitglieder viel besser zusammen als bei den Offenen Sternhaufen. Tatsächlich werden die Kugelsternhaufen zu den ältesten Objekten der Milchstraße gerechnet (mehrere Milliarden Jahre alt), während die Offenen Sternhaufen in den meisten Fällen noch sehr jung sind (wenige Millionen Jahre).

Aus hunderttausenden von Sternen besteht ein Kugelsternhaufen wie M 13.

ZIELE

Andromedagalaxie

Die Andromedagalaxie ist ein Objekt, das sehr empfindlich auf Lichtverschmutzung reagiert. Von Ortschaften aus ist oft nur die Zentralregion zu sehen, während unter Alpenhimmel ein beeindruckendes Riesenoval von sechsfacher Vollmondgröße zu genießen ist.

Im Teleskop sollte man zunächst die geringste Vergrößerung wählen. Man sieht einen strukturlosen ovalen Nebel mit deutlich hellerem Zentrum; der erste Eindruck kann bei nicht so guten Bedingungen schnell enttäuschend sein. Der Kern lässt sich zu einem fast sternartigen Objekt hochvergrößern. Weitere Einzelheiten zeigt die Galaxie nur bei besten Bedingungen, dann sind verschwommen hellere Gebiete und Dunkelstreifen entlang der Außenkante zu erahnen.

Die Andromedagalaxie hat zwei Begleitgalaxien, die man auch mit kleinen Teleskopen sehen kann. Die kleinere M 32 sieht bei 30-facher Vergrößerung wie ein Stern aus, erst mit höheren Vergrößerungen sieht man einen kleinen Nebelfleck. Die größere M 110 steht direkt nördlich der Andromedagalaxie, ist aber nur unter sehr dunklem Himmel zu erkennen.

Die Andromedagalaxie im Fernrohr bei 50x.

Hintergrund

Die Andromedagalaxie ist eine andere Milchstraße. Zweieinhalb Millionen Jahre ist das Licht von dieser Galaxie zu uns unterwegs. Man stelle sich vor wie die Erde aussah, als diese Strahlung ausgesandt wurde!

Die Andromedagalaxie ist ein gewaltiges Sternsystem wie unsere eigene Milchstraße. Sie beinhaltet alles, was zu einer Galaxie gehört: einige Milliarden Sterne, Sternhaufen, Gasnebel, Kugelsternhaufen. Das alles ist so weit entfernt, dass es zu einem Nebel verschwimmt.

Galaxien sind Milchstraßen, die wir aus großer Entfernung sehen. Die Abstände zur Erde belaufen sich nun nicht mehr in Lichtjahren (nächste Sterne), einigen hundert Lichtjahren (Doppelsterne), einigen tausend Lichtjahren (Sternhaufen und Nebel) oder einigen zehntausend Lichtjahren (Kugelsternhaufen), sondern in mehreren Millionen Lichtjahren.

Nach ihrem Aussehen klassifiziert man die Galaxien in elliptische, linsenförmige, spiralförmige oder unregelmäßige Systeme. Auf Fotos sind besonders die Spiralstrukturen eindrucksvoll. Daneben sieht man blaue Flecken (junge Sternhaufen) und rote Flecken (Emissionsnebel).

Die Andromedagalaxie sieht aus wie ein kleiner Nebelfleck oberhalb des Sternbilds Andromeda.

Glossar

Achromat
Kombination aus zwei Linsen mit verringertem Farbfehler. Achromatische Objektive sind Standard bei Linsenteleskopen.

Altitude
siehe Höhe

Amiciprisma
Glasprisma mit 90° oder 45° Ablenkung. Einem Zenitprisma vorzuziehen, da es das Bild im astronomischen Teleskop seitenrichtig wiedergibt und gleichzeitig eine Umkehrlinse ersetzt.

Auflösungsvermögen
Die Fähigkeit eines Teleskops, zwei eng zusammenstehende Punkte getrennt voneinander darstellen zu können. Das Auflösungsvermögen steigt linear mit der Öffnung des Teleskops.

Azimut
Himmelsrichtung. Der Azimut wird von Norden (0°) über Osten (90°), Süden (180°) und Westen (270°) gezählt.

Azimutachse
Achse einer azimutalen Montierung, die auf den Zenit gerichtet ist.

Azimutale Montierung
Teleskopmontierung, bei der eine Achse zum Zenit und die andere Achse zum Horizont ausgerichtet ist. Damit ist das Teleskop senkrecht und waagerecht bewegbar.

Barlowlinse
Zerstreuungslinse, die vor dem Okular in den Okularauszug eingesteckt wird. Erhöht die Brennweite in der Regel um das Zweifache. Fast alle Barlowlinsen im Einsteigerbereich sind nicht achromatisch und führen daher zu starken Farbfehlern.

Biegsame Welle
Flexible Feinbewegung einer Montierung. Erlaubt das Nachführen des Teleskops auch bei hohen Vergrößerungen.

Brennpunkt
Punkt, in dem sich die durch das bilderzeugende Element eines Teleskops – die Linse eines Linsenteleskops oder den Spiegel eines Spiegelteleskops – gesammelten Lichtstrahlen vereinigen.

Brennweite
Abstand der Objektivlinse zum Brennpunkt eines Linsenteleskops oder Länge des Lichtweges vom Hauptspiegel zum Brennpunkt eines Spiegelteleskops.

Deklinationsachse
Achse einer parallaktischen Montierung, die auf den Himmelsäquator gerichtet ist.

Deutsche Montierung
Bauart der parallaktischen Montierung, bei der Rektaszensionsachse und Deklinationsachse in Form eines »T« angeordnet sind.

Dobson-Montierung
Bauart der azimutalen Montierung, bei der die Azimutachse mittels einer Drehscheibe und die Höhenachse mittels einer drehbaren Nabe oder Rädern realisiert ist.

Einnorden
Prozedur zum Einstellen einer parallaktischen Montierung auf den nördlichen Himmelspol, der durch den Polarstern markiert wird.

Fangspiegel
Spiegelelement eines Spiegelteleskops, welches das vom Hauptspiegel reflektierte Licht aus dem Tubus lenkt.

Feinbewegung
Mechanische Vorrichtung an den Achsen einer Montierung, mit der diese ohne Lösen in kleinen Schritten bewegt werden können. Bei Einsteigerteleskopen oft mit einer biegsamen Welle realisiert.

Fraunhofer-Achromat
Achromatische Objektivlinse aus zwei Einzellinsen, die durch einen Luftspalt voneinander getrennt sind.

Fokussieren
Scharfstellen des Teleskopbilds. Je nach persönlichem Augenfehler muss für verschiedene Beobachter unterschiedlich fokussiert werden.

Gabelmontierung
Teleskopmontierung, bei der die Achse, in der das Teleskop sitzt, in zwei Teile aufgespaltet ist.

Gesichtsfeld
Bildausschnitt, das beim Blick durch ein Okular sichtbar wird.

Hauptspiegel
Optisches Element eines Spiegelteleskops, welches das Licht sammelt.

Höhe
Hier: Höhe über dem Horizont (0°), ansteigend bis zum Zenit (90°).

Höhenachse
Achse einer azimutalen Montierung, die auf den Horizont gerichtet ist.

Huygens-Okular
Zweilinsiger Okulartyp. Geeignet für niedrige Vergrößerungen.

Kellner-Okular
Dreilinsiger Okulartyp. Geeignet für niedrige und mittlere Vergrößerungen.

Lichtsammelvermögen
Die Fähigkeit eines Teleskops, Licht aufzunehmen. Das Lichtsammelvermögen steigt quadratisch mit der Öffnung des lichtsammelnden Elements – der Linse eines Linsenteleskops oder dem Hauptspiegel eines Spiegelteleskops.

Linsenteleskop
siehe Refraktor

Maximalvergrößerung
Höchste sinnvolle Vergrößerung, entspricht dem Zweifachen der Teleskopöffnung.

Minimalvergrößerung
Kleinste sinnvolle Vergrößerung, entspricht einem Siebtel der Teleskopöffnung.

Mondfilter
Glasfilter in einer Fassung, der in die Steckhülse eines Okulars eingeschraubt werden kann.

Montierung
Instrument, das ein Teleskop trägt und bewegt. Man unterscheidet zwischen azimutalen und parallaktischen Montierungen.

Neiger
Bauart der azimutalen Montierung, die mittels eines Griffs und eines Kugelkopfs oder eines 2-Wege-Kopfs bewegt werden kann.

Newton-Teleskop
Bauart eines Spiegelteleskops mit einem gekrümmten Hauptspiegel am hinteren Ende des Teleskoprohrs, der das Licht sammelt, und einem ebenen Fangspiegel vorne im Teleskoprohr, der das vom Hauptspiegel reflektierte Licht seitlich in den Okularauszug ablenkt.

Objektiv
Bilderzeugendes Element einer Optik.

Öffnungsverhältnis
Quotient aus Öffnung und Brennweite. Teleskope mit großem Öffnungsverhältnis (1:5) haben im Allgemeinen stärkere Bildfehler als solche mit kleinem Öffnungsverhältnis (1:10).

Okular
Lupe, mit dem das im Brennpunkt des Teleskops entstehende Bild vergrößert wird. Durch die Wahl der Brennweite des Okulars wird die Vergrößerung bestimmt.

Okularauszug
Vorrichtung am Teleskoprohr zur Aufnahme der Okulare. Bei einem Linsenteleskop befindet sich der Okularauszug am hinteren Ende, bei einem Newton-Spiegelteleskop seitlich am vorderen Ende des Teleskoprohrs.

Parallaktische Montierung
Teleskopmontierung, bei der eine Achse zum Himmelspol und die andere Achse zum Himmelsäquator ausgerichtet ist. Damit ist das Teleskop im astronomischen Koordinatensystem bewegbar.

Plössl-Okular
Vierlinsiger Okulartyp. Geeignet für alle Vergrößerungen.

Polbock
Vorrichtung an einer parallaktischen Montierung zum Einstellen der Polhöhe.

Polhöhe
Höhe des Himmelspols über dem Horizont. Entspricht der geographischen Breite des Beobachtungsorts.

Ramsden Okular
Zweilinsiger Okulartyp. Geeignet für niedrige Vergrößerungen.

Reflektor
Teleskop, das mit Hilfe eines Spiegels das Licht sammelt und in einem Brennpunkt vereinigt.

Refraktor
Teleskop, das mit Hilfe einer Linse das Licht sammelt und in einem Brennpunkt vereinigt.

Rektaszensionsachse
Achse einer parallaktischen Montierung, die auf den Himmelspol gerichtet ist.

Smartphone-Adapter
Adapter, der ein Smartphone mit dem Okular verbindet, so dass mit der Kamera des Telefons fotografiert werden kann.

Sonnenfilter
Spezielles Glas oder spezielle Folie, die das Sonnenlicht filtert, so dass eine ungefährliche Beobachtung möglich ist. Muss vor dem Objektiv angebracht werden (Objektivsonnenfilter), darf nicht in ein Okular eingeschraubt werden (Okularsonnenfilter).

Spiegelteleskop
siehe Reflektor

Steckdurchmesser
Durchmesser der Steckhülse eines Okulars. Die drei üblichen Normen sind 24,5mm (0,96 Zoll), 31,7mm bzw. 31,8mm (1¼ Zoll) und 50,8mm (2 Zoll).

Umkehrlinse
Sammellinse, die vor dem Okular in den Okularauszug eingesteckt wird. Kehrt die Abbildung so um, dass das Bild aufrecht und seitenrichtig erscheint. Fast alle Umkehrlinsen im Einsteigerbereich sind nicht achromatisch und führen daher zu starken Farbfehlern.

Verkitteter Achromat
Version des Achromaten, bei dem beide Linsen verklebt sind. Besitzt eine geringere Farbfehlerkorrekur als der Fraunhofer-Achromat.

Zenitprisma
Glasprisma mit 90° Ablenkung. Erzeugt ein spiegelverkehrtes Bild.

Buchempfehlungen

Drehbare Himmelskarte Sterne und Planeten
Ronald Stoyan
Mit dieser drehbaren Himmelskarte kann man nicht nur Sterne, sondern auch Planeten zu jeder beliebigen Jahres- und Uhrzeit finden.

Hobby-Astronom
Lambert Spix
Dieses Buch gibt das nötige Grundwissen rund um das spannende Hobby Astronomie.

Fernrohr-Führerschein
Ronald Stoyan
Eine ausführliche Anleitung zu Technik, Auswahl und Gebrauch von Fernrohren und Zubehör.

skyscout
Lambert Spix
Sterne und Sternbilder schnell und einfach finden.

Bildnachweis

Bresser: 8, 27 rechts beide, 35 unten, 39 links unten, 43 links, 60 oben; **Celestron:** 27 links unten, 31 oben, 35 oben, 39 rechts oben, 43 rechts oben; **ESA:** 67; **NASA:** 69, 71, 73, 85; **Volker Nawrath**: 60 unten beide, 61 beide; **Nimax**: 39 rechts oben; **Lambert Spix:** 47, 63 links, 66, 68, 70, 72, 74, 76, 78, 80, 82, 84, 86; **Skywatcher:** 9, 10, 11, 12, 13, 25, 27 links oben, 29, 31 unten, 33, 37, 39 links oben, 39 rechts unten, 41, 45 unten; **Sebastian Voltmer:** 63 rechts, 75, 77, 79, 81, 83, 87

Impressum

5. erweiterte und aktualisierte Auflage

Oculum-Verlag GmbH
Obere Karlstraße 29
91054 Erlangen
www.oculum.de

ISBN 978-3-949370-03-8

Haftungsausschluss

Autor und Verlag übernehmen keinerlei Gewähr für die Aktualität, Korrektheit, Vollständigkeit oder Qualität der Preise und sonstigen Informationen. Haftungsansprüche gegen den Autor oder den Verlag, welche sich auf Schäden materieller oder ideeller Art beziehen, die durch die Nutzung oder Nichtnutzung der dargebotenen Informationen bzw. durch die Nutzung fehlerhafter und unvollständiger Informationen verursacht wurden, sind grundsätzlich ausgeschlossen.
Markennamen und Handelsbezeichnungen sind, auch wenn nicht als solche kenntlich gemacht, Eigentum der jeweiligen Marken-Inhaber.